Nature's Story Told by Plants

Plants are like air. Wherever you go, there are plants. Blooming flowers, swaying standing trees, cereals on the table, fruits, vegetables, these are all plants. Books that you read, wooden chairs that you sit on to study, are also made of plants. Even the air that we breathe is provided by plants. Therefore, plants always live with us and give us immense benefits.

However, how much do we know about plants?

There are many unusual things, but, to tell the truth, there are not so many amazing things like plants. Delicate leaves slowly grow out from a tiny seed, and they rapidly grow and stand up sky-high.

The biggest creature in the world is a plant. Also, the oldest creature in the world is a plant. The maximum size of blue whales is about 30 meters, but, bamboo or metasequoia trees grow more than 100 meters tall.

Although turtles can live up to 200 years, there are many trees that live over 500 or 1,000 years. Furthermore, some plants are carnivores, and eat insects, and some plants hold out squiggly-shaped hands to climb a tree. Some plants even announce danger to there friends when it approaches.

Unlike animals, plants have no feet, and don't have to wander very hard to find foods. If there is sunlight and water, plants can make enough nutrients and energy on their own and to support life.

Plants can't sing loudly because they don't have the mouths, but they produce offspring as they find mates. Plants successfully marry through a wonderful plan, sometimes using wind, and sometimes using birds and insects. Blossoming a colorful pretty flower, emitting a soft fragrance, and making sweet honey and berries, are all plans for marriage.

Flowers, grass and trees have dominated the Earth long before human beings existed, and have been fostering all lives on Earth. But, now, plants are facing a crisis. Trees are being cut down and set on fire by people who have lived comfortably with the help of plants. Forests that are more than 300 times the size of Seoul are disappearing each year, and the Earth is groaning with pain. How can we save plants, and how can we save precious Earth?

This book introduces what plants are, where they come from, what they do, and how they have changed and still living. Let's travel around the world of plants that can make you amazed, and you'll see creatures that live wonderfully with their own attractive characters.

In the Text

식물이
들려주는
자연 이야기

과학생각 06

식물이 들려주는 자연 이야기
Nature's Story Told by Plants

1판 1쇄 | 2024년 10월 22일

글 | 신정민
그림 | 끌레몽

펴낸이 | 박현진
펴낸곳 | (주)풀과바람
주소 | 경기도 파주시 회동길 329(서패동, 파주출판도시)
전화 | 031) 955-9655~6
팩스 | 031) 955-9657
출판등록 | 2000년 4월 24일 제20-328호
블로그 | blog.naver.com/grassandwind
이메일 | grassandwind@hanmail.net

편집 | 이영란
디자인 | 박기준
마케팅 | 이승민

ⓒ 글 신정민 · 그림 끌레몽, 2024

값 13,000원
ISBN 979-11-7147-090-7 73480

※잘못 만들어진 책은 구입처에서 바꾸어 드립니다.

제품명 식물이 들려주는 자연 이야기	**제조자명** (주)풀과바람	**제조국명** 대한민국	⚠ **주의**
전화번호 031)955-9655~6	**주소** 경기도 파주시 회동길 329		어린이가 책 모서리에
제조년월 2024년 10월 22일	**사용 연령** 8세 이상		다치지 않게 주의하세요.
KC마크는 이 제품이 공통안전기준에 적합하였음을 의미합니다.			

식물이 들려주는 자연 이야기

신정민 글 · 끌레몽 그림

풀과바람

머리글

　식물은 공기와 같아요. 어디든지 눈을 돌리면 식물이 있지요. 활짝 핀 꽃, 흔들흔들 서 있는 나무뿐 아니라 밥상 위에 올라오는 곡식, 과일, 채소도 모두 식물이지요. 또 여러분이 보는 책, 앉아서 공부하는 나무 의자도 식물을 이용해 만든 것들입니다. 우리가 들이마시는 산소도 식물이 만들어 준 것이니, 식물은 늘 우리와 함께 살면서 우리에게 엄청난 혜택을 주고 있습니다.

　하지만 우리는 식물에 대해 얼마나 알고 있나요?

　세상에는 신기한 것이 참 많지만, 따지고 보면 식물처럼 놀라운 것도 드물답니다. 티끌만 한 씨앗에서 꼬물꼬물 여린 잎을 내밀고는, 이내 쑥쑥 자라나서 하늘을 찌를 듯 우뚝우뚝 서 있지요.

　세상에서 제일 큰 생물도 식물 중에 있고, 세상에서 제일 오래 사는 생물도 식물 중에 있습니다. 대왕고래는 아무리 커 봤자 30미터 안팎이지만, 대나무나 메타세쿼이아는 100미터가 훌쩍 넘게 자라기도 합니다.

　또 거북은 오래 살아야 200년이지만, 나무 중에는 500살, 1000살 넘게 사는 것이 얼마든지 있지요. 그런가 하면 어떤 식물은 마치 육식 동물처럼 곤충을 꿀꺽 잡아먹고, 꼬불꼬불한 손을 내밀어서 다른 나무를 붙잡고 오르고, 위험이 닥쳤을 때는 옆에 있는 친구들에게 알리기도 합니다.

식물은 발이 없어서 맘대로 돌아다니지 못하지만, 도리어 먹이를 찾아 발바닥에 땀이 나도록 헤매고 다니는 동물들을 딱하게 여길지 모릅니다. 식물은 햇빛과 물이 있으면 스스로 양분과 에너지를 만들어서 평생 먹고사니까요.

식물은 입이 없어서 큰 소리로 부르지는 못하지만, 얼마든지 자기 짝을 찾아서 자손을 퍼뜨립니다. 때로는 바람을 이용하고, 때로는 새와 곤충을 이용해서 멋진 작전으로 결혼에 성공하지요. 알록달록 예쁜 꽃을 피우고 은은한 향기를 뿜어내고 달콤한 꿀과 열매를 만드는 것도 모두 이런 작전이랍니다.

인간보다 훨씬 더 오래전에 태어나서 지구를 지배하고, 지구의 모든 생명을 키워 온 꽃과 풀과 나무들……. 그러나 그 식물들이 지금 위기에 처해 있습니다. 식물의 도움으로 편안하게 살던 사람들의 손에 나무들이 뚝뚝 베어 없어지고 활활 불태워지고 있지요. 서울 면적의 300배가 넘는 숲이 해마다 사라지고, 그와 함께 지구도 끙끙 병을 앓고 있습니다. 과연 우리 손으로 식물을 살리고, 소중한 지구를 살리는 방법은 무엇일까요?

이 책은 식물이 무엇이고, 어디에서 어떻게 생겨났고, 어떤 일을 하

며, 또 어떻게 변화하고 살아가는지 소개합니다. 알면 알수록 신기하고

놀라운 식물의 세계, 저마다 톡톡 튀는 개성으로 멋지게 살아가는 식

물의 나라로 함께 떠날까요?

신정민

차례

01 식물은 뭘까?

　화단에 활짝 핀 장미와 백합, 공원에 서 있는 소나무와 벚나무, 그리고 어디서든 잘 자라는 잡초, 밥상에 올라오는 쌀, 과일, 배추, 상추, 양파, 마늘……. 이 모든 것이 식물입니다. 사람들은 식물을 보고 즐기고, 먹고, 식물로 다양한 물건을 만듭니다.

　사실, 우리는 식물 없이는 단 하루도 살 수 없어요. 식물은 우리가 먹는 음식이 되고, 책상과 종이가 되며, 옷도 만들어 줍니다. 무엇보다도 중요한 점은, 우리가 숨 쉴 때 필요한 산소가 모두 식물 덕분에 만들어진다는 사실이죠.

산소(O_2)

산소(O_2)

산소(O_2)

산소(O_2)

산소(O_2)

식물과 동물의 다른 점

한자어로 동물(動物)은 '움직이는 것', 식물(植物)은 '심어진 것'이란 뜻이에요. 실제로 동물인 강아지는 발바닥에 땀이 나도록 이리저리 뛰어다니며 먹이를 먹고, 똥을 싸고, 쑥쑥 자라납니다. 또 자기 짝을 만나서 새끼를 낳지요.

그러나 식물인 강아지풀은 이리저리 돌아다닐 수가 없습니다. 뿌리가 땅에 콕 박혀 있어서 평생 한 발자국도 움직이지 못하지요.

그렇다고 식물을 불쌍하게 여길 필요는 없어요. 오히려 강아지풀이 강아지를 불쌍하게 여길지 모릅니다. 강아지풀은 힘들게 돌아다니지 않아도 충분히 먹이를 먹고, 스스로 양분을 만들어서 쑥쑥 자라나고, 손쉽게 씨앗을 만들어 자기 자손들을 널리 퍼뜨리니까요.

야호, 나도 움직인다고!

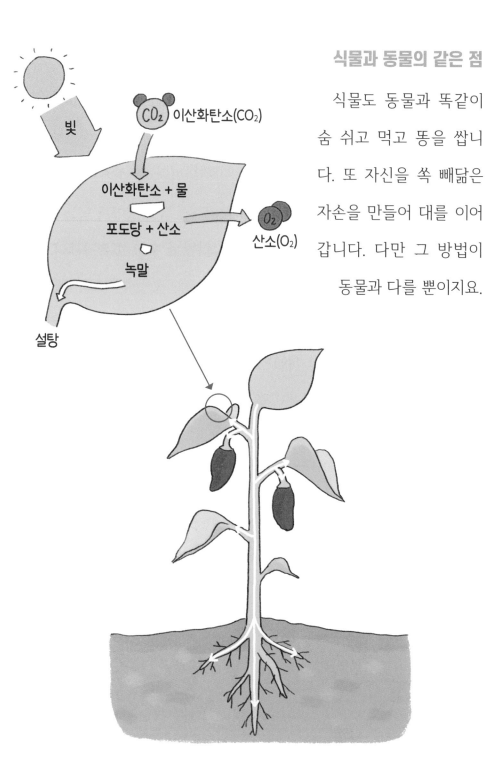

이산화탄소(CO_2)

빛

이산화탄소 + 물

포도당 + 산소

산소(O_2)

녹말

설탕

식물과 동물의 같은 점

식물도 동물과 똑같이 숨 쉬고 먹고 똥을 쌉니다. 또 자신을 쏙 빼닮은 자손을 만들어 대를 이어 갑니다. 다만 그 방법이 동물과 다를 뿐이지요.

동물들이 입으로 먹이를 먹는 것과 달리, 식물은 뿌리로 땅속의 물과 영양분을 쭉쭉 빨아들입니다. 그리고 잎으로 햇빛과 이산화탄소를 받아들여요. 식물은 이렇게 모은 물과 영양분, 이산화탄소를 이용해 스스로 먹이를 만들고 에너지를 얻습니다. 꽃을 피우고, 열매를 맺고, 키가 쑥쑥 자라려면 많은 에너지가 필요하거든요. 이 과정에서 남는 산소와 수증기를 식물은 잎을 통해 내보냅니다. 마치 동물이 똥을 누듯이 식물도 산소와 수증기를 내보내는 것이죠.

또 꽃을 피우는 식물들은 암술과 수술을 가지고 있어요. 수술에서 나오는 꽃가루가 암술에 닿으면 씨앗이 자라나고, 이 씨앗은 떨어져 나가서 새로운 곳에 뿌리를 내리고 꽃을 피웁니다.

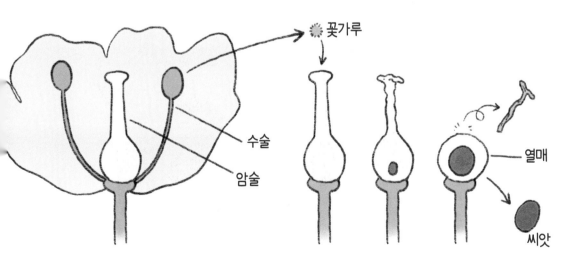

꽃가루

수술

암술

열매

씨앗

02 식물은 어떻게 나눌까?

식물도 동물처럼 저마다 뚜렷한 개성을 지니고 있습니다. 식물의 종류를 나눌 때는 꽃이 피는지, 씨앗이 어디에 있는지 등을 기준으로 삼습니다. 꽃의 색깔, 꽃잎의 개수, 뿌리나 떡잎의 모양도 중요한 기준이 됩니다. 지구에는 50만 가지가 넘는 식물이 살고 있으니, 이런 식으로 편리하게 구분하는 것입니다.

꽃을 피우는 식물

우리 주변에서 흔히 볼 수 있는 식물 대부분은 꽃을 피웁니다. 장미나 백합뿐 아니라 상추, 배추, 고추, 무, 당근, 양파와 같은 채소들도요.

식물이 꽃을 피우는 이유는 딱 한 가지! 씨앗을 만들어 자기 종족을 퍼뜨리기 위해서입니다. 이처럼 꽃을 피우는 식물을 '꽃식물'이라고 합니다. 꽃식물은 모두 씨(종자)를 만들기 때문에 '종자식물'이라고도 부릅니다.

내 아기들
잘 자라렴.

그와 달리 꽃을 피우지 않는 식물을 '민꽃식물'이라고 합니다. 민꽃식물은 대개 아주 작은 홀씨(포자)로 번식하기 때문에 '포자식물'이라고도 부릅니다. 고사리와 석송, 이끼 등이 속하지요.

그럼 버섯이나 곰팡이도 포자식물에 속할까요? 홀씨를 퍼뜨리는 것은 맞지만, 버섯이나 곰팡이는 식물도 동물도 아닌 '균류'에 속한답니다. 균류는 스스로 양분을 만드는 것이 아니라, 죽은 동식물이나 배설물을 분해하여 양분을 얻어요.

홀씨

고사리

버섯

새잎

뿌리줄기

속씨식물과 겉씨식물

꽃식물 중에는 씨앗을 겉으로 드러내는 식물과 꽃이나 열매 속에 숨기는 식물이 있어요. 씨앗을 겉으로 드러내는 식물을 '겉씨식물', 씨앗을 안에 숨기는 식물을 '속씨식물'이라고 해요.

겉씨식물은 주로 나무인데, 은행나무와 소나무 등이 이에 속해요. 예를 들어, 은행나무는 씨앗인 은행을 밖으로 드러내고, 소나무는 솔방울에 씨앗을 담고 있어요.

반면, 꽃식물 대부분은 속씨식물에 속해요. 꽃식물의 90퍼센트가 속씨식물이죠. 씨앗을 씨방 속에 숨겨야 더 잘 번식할 수 있기에 많은 식물이 이 방법을 사용해 종류가 많아진 거예요.

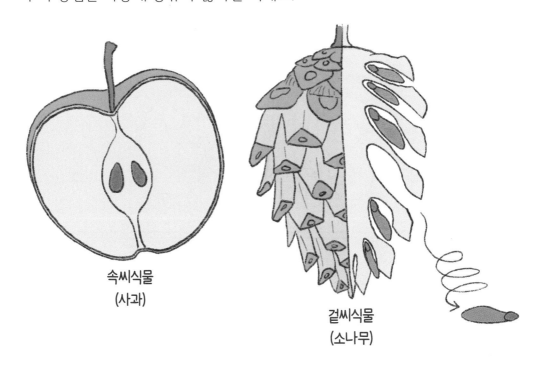

속씨식물
(사과)

겉씨식물
(소나무)

이런 속씨식물은 처음 싹을 틔울 때 떡잎을 하나만 내미는 것(외떡잎식물), 두 개를 내미는 것(쌍떡잎식물)으로 나뉩니다. 옥수수, 양파, 난초, 붓꽃처럼 잎이 길쭉하고 뾰족뾰족한 것들이 주로 외떡잎식물이고, 나머지는 대부분 쌍떡잎식물입니다. 쌍떡잎식물은 또 꽃잎이 낱낱이 여러 장인 것(갈래꽃)과 하나로 붙은 것(통꽃)으로 나뉜답니다.

떡잎이 한 장

떡잎이 두 장

외떡잎식물

쌍떡잎식물

외떡잎식물과 쌍떡잎식물 비교

외떡잎식물	쌍떡잎식물

꽃잎의 수가 3의 배수

꽃잎의 수가 4 또는 5의 배수

나란히맥

그물맥

줄기 속 관다발이 흩어져 있어요.

줄기 속 관다발이 규칙적이에요.

수염뿌리

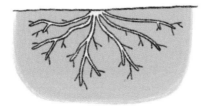

원뿌리에 곁뿌리가 있어요.

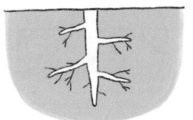

03 식물은 어떻게 생겼지?

사람의 몸을 크게 다리·몸통·머리로 구분한다면, 식물의 몸은 뿌리·줄기·잎으로 나눌 수 있습니다. 꽃은 열매나 씨앗을 맺기 위해 임시로 피우는 것이니까 빼고요.

이렇게 나눠 놓고 보니 왠지 사람과 식물의 몸이 비슷하게 구성된 것처럼 보이지 않나요? 다리=뿌리, 몸통=줄기, 머리=잎, 이렇게요.

나무와 풀

그렇다면 나무와 풀은 무엇이 다를까요?

보통 나무는 크고, 풀은 작다고 생각하지만, 그 차이는 크기만이 아니에요. 나무는 수십 년, 심지어 100년 이상 살며 계속 자라지만, 풀은 보통 한두 해 살다 죽는 경우가 많아요. 실제로 100살 넘은 나무도 많고, 500년이나 1000년 넘게 사는 나무도 있답니다. 미국 캘리포니아 모하비 사막에 있는 강털소나무(브리슬콘 소나무)는 무려 4800년 넘게 살았어요! 나무들은 오래 살다 보니 100미터 넘게 자라는 일도 있죠.

하지만 모든 나무가 크고, 모든 풀이 작은 건 아니에요. 한라산의 돌매화나무는 겨우 3~5센티미터 정도 자라고, 대나무는 100년도 넘게 살며 하늘 높이 자라지만, 사실 대나무는 나무가 아니라 속이 비어 있는 풀이에요.

또 다른 차이는 나무의 줄기에는 나이테가 있고, 풀에는 없다는 점이에요. 나무의 껍질 안쪽에는 부름켜가 있어 봄과 여름에는 큰 세포를 만들어 나무가 빨리 자라고, 가을에는 작은 세포를 만들어 단단해져요. 그래서 나무를 자르면 동그란 나이테가 보이는 거랍니다.

여러 가지 모양으로 구분하는 나무의 종류

🛈 떨기나무(관목)
진달래, 무궁화처럼
키 작은 나무. 보통
2미터까지만 자람.

🛈 큰키나무(교목)
소나무, 감나무처럼 보통 8미터 넘게
자라는 나무.

🛈 바늘잎나무(침엽수)
소나무, 잣나무처럼 가늘고
긴 잎을 가진 나무.

🌳 넓은잎나무(활엽수)
상수리나무, 떡갈나무처럼
평평하고 넓은 잎을 가진 나무.

🌳 늘푸른나무(상록수)
소나무, 대나무처럼 1년 내내
초록색 잎을 달고 있는 나무.

🌳 갈잎나무(낙엽수)
은행나무, 오동나무처럼
추워지면 잎을 모두 떨구는 나무.

뿌리 · 줄기 · 잎이 없는 식물

식물의 뿌리는 땅속에서 물과 영양분을 빨아들이고, 줄기는 그걸 잎까지 보냅니다. 잎은 햇빛과 이산화탄소를 이용해 영양분을 만듭니다. 큰 나무부터 작은 이끼까지 모두 뿌리, 줄기, 잎을 가지고 있어요.

하지만 모든 식물이 뿌리, 줄기, 잎을 완벽하게 갖춘 건 아니에요. '새삼'이라는 풀은 다른 식물에 붙어 영양분을 얻기 때문에 뿌리가 필요 없고, 민들레는 줄기가 없어서 뿌리에서 바로 잎이 나옵니다.

선인장은 잎이 없고, 잎처럼 보이는 둥근 부분은 사실 줄기예요. 선인장의 가시는 잎이 변한 것입니다. 이렇게 식물들은 동물보다 훨씬 더 다양한 모습을 가지고 있답니다.

자, 그럼 이제부터 식물의 뿌리와 줄기와 잎은 어떤 모양을 하고 있는지, 저마다 무슨 일들을 맡아서 하고 있는지 살펴볼까요?

04 땅속으로 자라는 뿌리

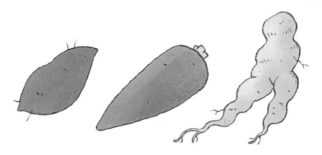

우리가 먹는 고구마, 당근, 인삼 등은 모두 뿌리입니다. 흙 속에 묻혀 있던 것을 캐내어 맛있게 냠냠 먹는 것이지요. 식물의 뿌리는 흙을 파고들며 길게 자라납니다. 마치 흙을 꽉 움켜쥔 듯해, 뿌리는 식물이 제 몸을 단단히 지탱하게 해 줍니다. 크고 작은 나무들이 이런 식으로 흙을 붙잡고 있어, 높은 산의 흙이 빗물에 무너져 내리지 않는 것입니다.

뿌리가 하는 일

뿌리는 땅속으로 파고들어 물을 흡수합니다. 물에는 칼슘, 인 같은 무기질이 녹아 있어서 뿌리는 스펀지처럼 물과 무기질을 함께 빨아들여요.

어른들 다리에 털이 나 있는 것처럼, 뿌리에도 뿌리털이 많이 붙어 있어요. 다리털은 깎아도 괜찮지만, 뿌리털은 아주 소중해요. 이 뿌리털로 물을 흡수하거든요.

뿌리털은 뿌리의 바깥쪽 세포가 길게 뻗어 나온 것으로, 뿌리 전체 면적이 넓어져 더 많은 물과 양분을 흡수할 수 있습니다. 예를 들어, 호밀의 뿌리털을 모두 펼치면 그 면적이 테니스장 두 개 크기나 된답니다.

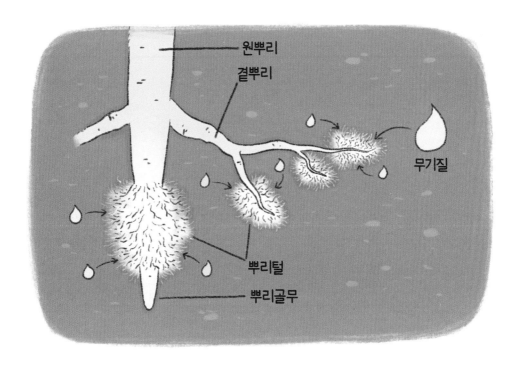

원뿌리
곁뿌리
무기질
뿌리털
뿌리골무

뿌리의 구조

뿌리의 제일 안쪽에는 '물관'과 '체관'이 있습니다. 물관은 뿌리가 빨아들인 물과 무기질을 위로 올려보내는 길이고, 체관은 잎에서 만든 양분이 아래로 내려오는 길입니다.

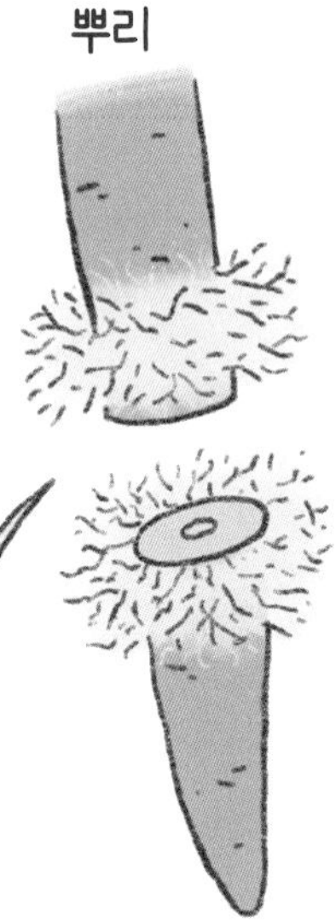

뿌리의 아래쪽에는 생장점과 뿌리골무가 있습니다. 생장점에서는 새로운 세포가 끊임없이 생겨나서 뿌리가 아래쪽으로 자꾸자꾸 자라게 해 줍니다. 뿌리골무는 생장점이 다치지 않도록 잘 감싸서 보호해 줍니다.

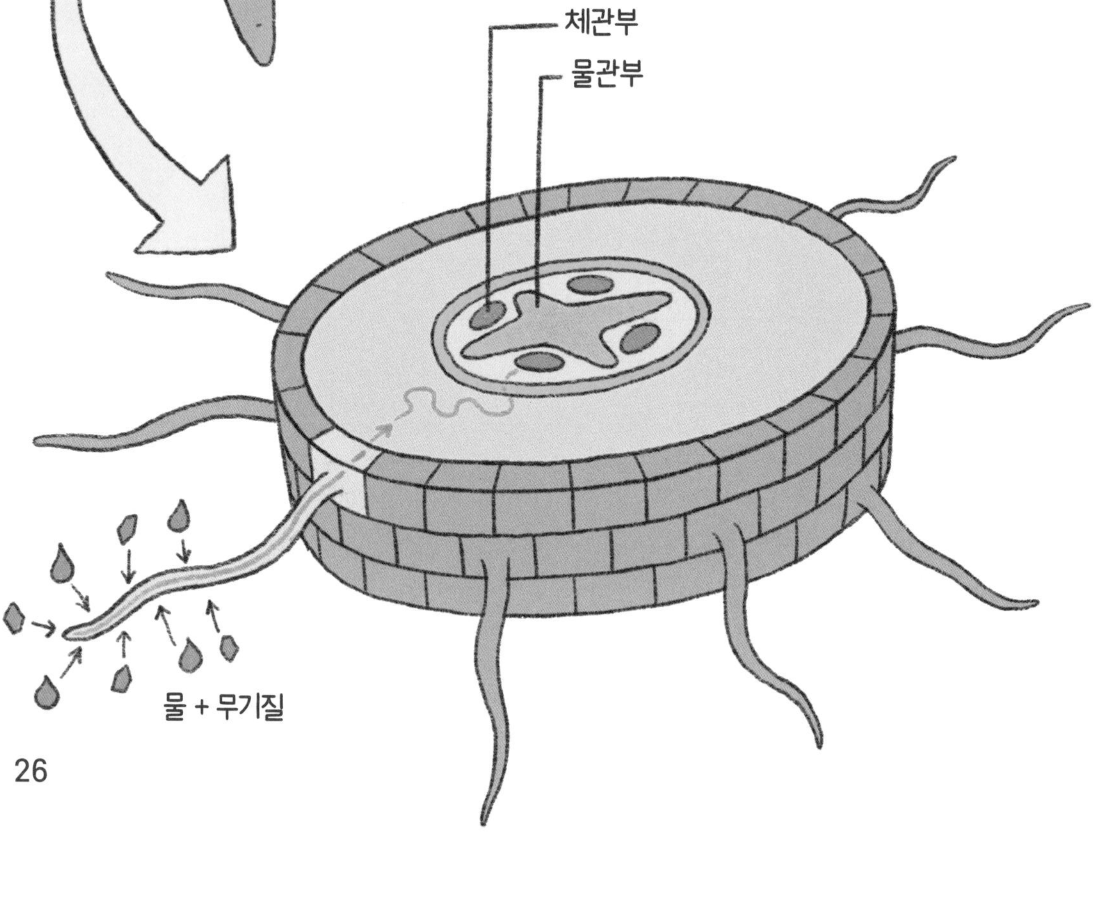

뿌리

체관부

물관부

물 + 무기질

뿌리의 모양

식물의 뿌리도 저마다 다른 모양입니다.

곧은뿌리는 땅속으로 곧게 뻗은 뿌리입니다. 당근을 볼까요? 튼튼하고 굵직한 뿌리가 하나 있고, 여기에 잔뿌리들이 주렁주렁 달려 있습니다. 처음 싹을 틔울 때 떡잎을 2개 내미는 쌍떡잎식물들은 대부분 이런 뿌리를 가지고 있습니다.

수염뿌리는 할아버지 수염처럼 생긴 뿌리입니다. 양파나 옥수수는 줄기 맨 아래쪽에서 자잘한 뿌리들이 잔뜩 내리뻗습니다. 이런 외떡잎식물들은 한두 해만 살기 때문에 서둘러 물과 양분을 먹고 몸을 빨리 키우는 것입니다.

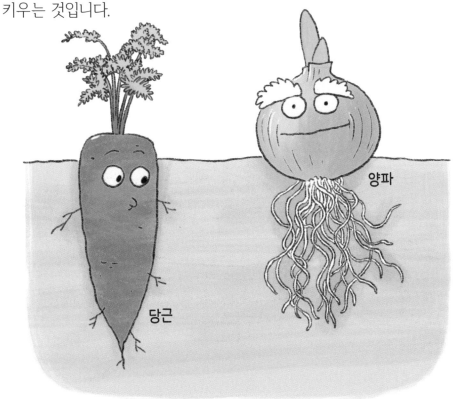

당근

양파

특별한 뿌리들

뿌리는 물과 양분을 저장하기도 해요. 당근은 물과 양분을 저장해 원뿌리가 굵어져서 '저장뿌리'라고 부르고, 고구마는 곁뿌리가 커져 '덩이뿌리'가 됩니다.

잠깐! 무는 당근과 비슷해 보이지만, 뿌리가 아니라 줄기와 뿌리가 만나는 부분이 커진 거예요. 감자도 고구마처럼 보이지만, 사실은 '덩이줄기'랍니다.

물 위에서 사는 개구리밥이나 부레옥잠 같은 식물은 물속으로 늘어진 '물뿌리'로 양분을 빨아들이고 몸이 뒤집히는 걸 막습니다.

겨우살이와 새삼 같은 식물은 다른 나무에 붙어 '기생뿌리'로 양분을 얻고, 옥수수는 '버팀뿌리'로 큰 키를 지탱합니다.

이 밖에도 담쟁이덩굴의 '붙음뿌리', 맹그로브의 '호흡뿌리' 등 다양한 뿌리가 있답니다.

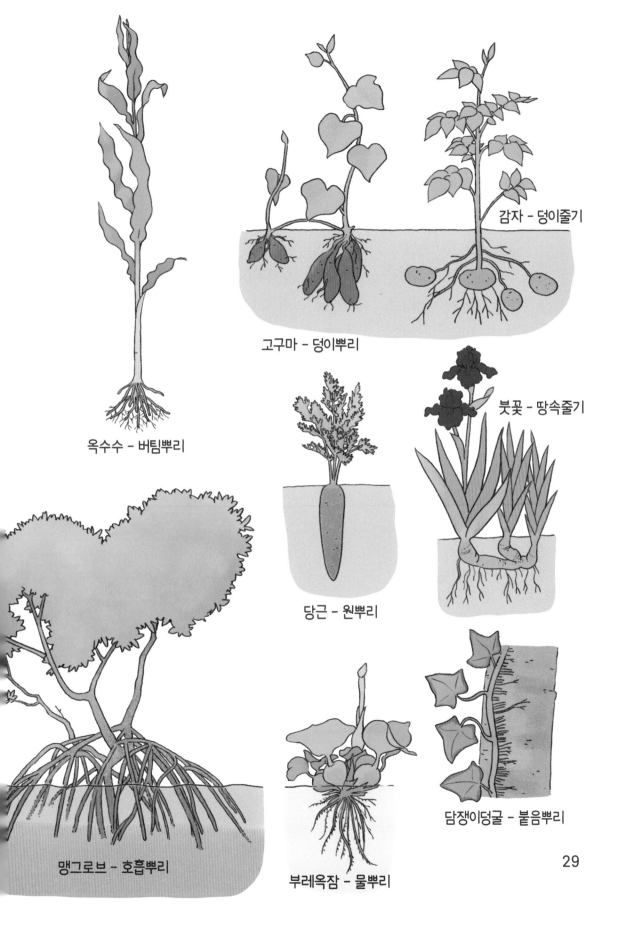

감자 - 덩이줄기

고구마 - 덩이뿌리

붓꽃 - 땅속줄기

옥수수 - 버팀뿌리

당근 - 원뿌리

맹그로브 - 호흡뿌리

부레옥잠 - 물뿌리

담쟁이덩굴 - 붙음뿌리

29

05 쭉쭉 뻗는 줄기

풀의 줄기를 싹둑 자르면, 잘린 부분에 이슬 같은 물방울이 송골송골 맺힙니다. 이것은 뿌리에서 빨아들인 물과 무기질, 잎에서 만든 양분이 함께 섞인 즙입니다. 줄기는 건물의 기둥처럼 식물의 몸을 지탱하는 역할도 하지만, 무엇보다 가장 중요한 일은 뿌리와 잎 사이에서 물과 양분을 부지런히 전달해 주는 것이랍니다.

뿌리와 줄기는 하나로 이어져 있어, 어디가 줄기고 어디가 뿌리인지 확실히 구분되지 않는 경우가 많습니다.

물관 + 체관 = 관다발

겉껍질로 둘러싸인 줄기 안에는 물이 지나는 물관, 양분이 지나는 체관 등이 있습니다. 물관과 체관을 합쳐 '관다발'이라고 합니다.

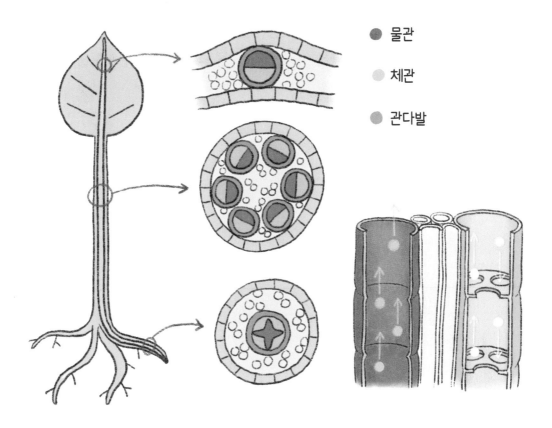

● 물관

○ 체관

● 관다발

그런데 쌍떡잎식물과 외떡잎식물의 관다발 모양은 조금 다릅니다. 쌍떡잎식물의 관다발은 줄기 속에 둥글게 규칙적으로 늘어서 있습니다. 또 그 속에는 부름켜가 있어서 줄기를 자꾸자꾸 굵게 만듭니다. 이곳에 있는 세포가 부쩍부쩍 늘어나서 부피가 커지는 것이지요.

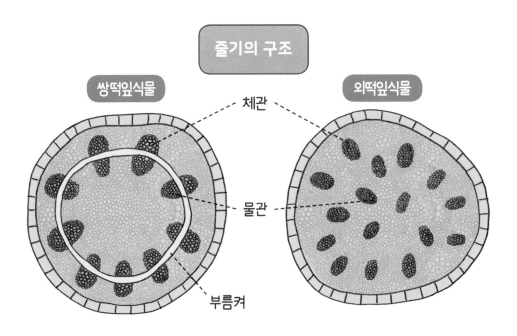

줄기의 구조

쌍떡잎식물   체관   외떡잎식물

물관

부름켜

그와 달리 외떡잎식물의 관다발은 줄기 속에 이리저리 흩어져 있는 모습입니다. 또 부름켜가 없어서 1~2년이 지나도 부피는 커지지 않고, 길이만 자랍니다. 예를 들어 대나무의 순(죽순)은 자꾸자꾸 위로 뻗어 자라지만, 어렸을 때나 다 자란 뒤에나 굵기가 거의 비슷합니다.

여러 가지 줄기

가느다란 풀의 몸통도 줄기이고, 굵은 나무의 몸통도 줄기입니다. 나팔꽃이나 등나무 같은 식물은 덩굴줄기를 뻗어 다른 나무나 기둥을 휘감으며 자랍니다. 나팔꽃은 왼쪽(시계 반대 방향), 등나무는 오른쪽(시계 방향)으로 감지요.

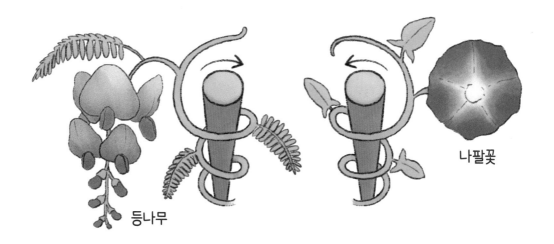

등나무

나팔꽃

오이나 포도는 덩굴손을 내밀어 다른 식물에 휘감고 자랍니다.

땅속에서 자라는 줄기도 있는데, 대나무나 연꽃의 땅속줄기는 옆으로 뻗어 새로운 뿌리를 내립니다. 감자는 양분을 저장해 덩어리처럼 된 '덩이줄기'입니다.

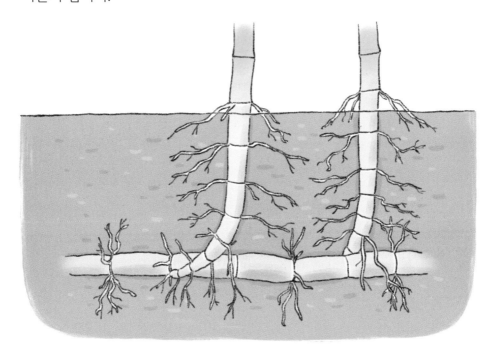

❶ 포도의 덩굴손
다른 것에 감겨 줄기를 지탱합니다.

❷ 고구마의 기는줄기
땅 위로 기어서 뻗어 나갑니다.

❸ 양파의 비늘줄기
줄기가 짧아져서 잎에 양분을 저장하고
있습니다.

❹ 선인장의 살줄기
줄기가 두툼해져 수분을 저장하고 있습니다.

❺ 탱자나무의 가시
가지가 자라지 않은 채 뾰족한 바늘처럼 되어
있습니다.

❻ 담쟁이덩굴의 흡반
줄기 일부가 변해서 오징어의 빨판처럼 되어
있습니다.

❼ 아스파라거스의 잎줄기
줄기가 잎처럼 넓적하게 되어 있습니다.

35

06 재주 많은 잎

식물들은 가지마다 푸릇푸릇한 잎을 내밉니다. 뿌리에서 빨아들인 물은 줄기를 타고 올라와 가지마다 돋아난 잎까지 올라오지요. 또 잎은 햇빛과 물, 이산화탄소라는 재료로 양분을 만들어낼 뿐 아니라, 신선한 산소를 퐁 퐁 뿜어냅니다.

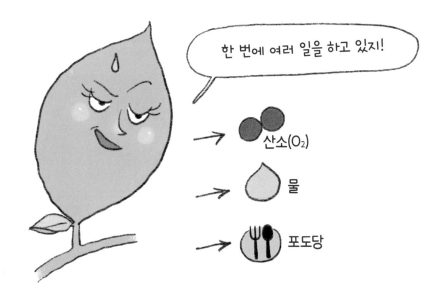

한 번에 여러 일을 하고 있지!

→ 산소(O₂)

→ 물

→ 포도당

잎이 나는 모양, 잎차례

나무의 잎을 자세히 보면 일정한 규칙을 가지고 있어요. 식물마다 환경과 습성에 따라 독특하게 자라지요.

벚나무, 무궁화, 나팔꽃은 줄기 마디마다 잎을 한 장씩 어긋나게 내고

(어긋나기), 물푸레나무, 개나리, 패랭이꽃은 두 장씩 마주 보게 내요(마주나기).

채송화, 쇠뜨기, 돌나물은 마디마다 세 장 이상의 잎을 줄기를 감싸듯 내고(돌려나기), 민들레, 질경이, 은행나무, 소나무는 잎을 한꺼번에 뭉쳐서 내지요(뭉쳐나기).

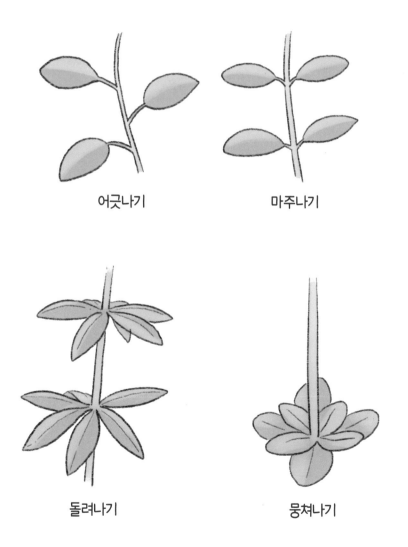

어긋나기   마주나기

돌려나기   뭉쳐나기

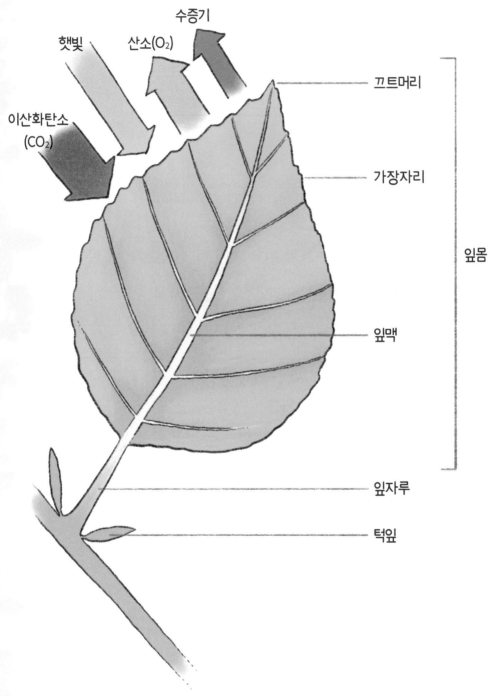

수증기

햇빛   산소(O_2)

이산화탄소
(CO_2)

끄트머리

가장자리

잎몸

잎맥

잎자루

턱잎

38

잎의 종류

잎의 생김새도 저마다 개성 만점입니다. 어떤 잎은 손바닥처럼 둥글넓적하고, 어떤 잎은 손가락처럼 길고 좁습니다.

또 어떤 잎은 가장자리가 뾰족뾰족하고, 어떤 잎은 보들보들 매끈매끈합니다. 여러 개의 작은 잎으로 나뉘어 나오기도 하며, 어떤 잎은 털뭉치처럼 북슬북슬하기도 하지요.

잎의 구조

잎은 잎몸, 잎자루, 잎맥 등으로 이루어져 있습니다. 잎몸은 잎사귀를 이루는 넓은 부분이고, 잎자루는 줄기나 가지를 잎몸과 이어 주는 부분입니다. 줄무늬처럼 보이는 잎맥은 물과 양분이 지나가는 통로이고요.

잎에서 제일 중요한 부분은 역시 잎몸입니다. 바로 이 잎몸이 이산화탄소를 들이마시고 산소나 수증기를 내뱉고, 햇빛을 받아들여 양분을 만들어내니까요. 여기서 산소나 수증기를 내뱉는 것을 '증산 작용', 햇빛을 이용해 양분을 만드는 것을 '광합성'이라고 합니다.

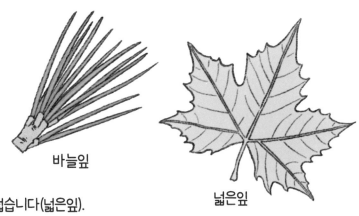

여러 가지 잎

🌱 바늘잎과 넓은잎
소나무 잎은 바늘처럼
뾰족뾰족하고(바늘잎),
플라타너스 잎은 아주 넓습니다(넓은잎).

바늘잎

넓은잎

깃꼴맥   그물맥   손모양 맥   나란히맥   차상맥

🌱 잎맥의 종류
무궁화나무는 잎맥이 새의 깃 모양처럼 뻗어 있고(깃꼴맥), 벚나무는 그물처럼
마구 엉켜 있습니다(그물맥). 단풍나무는 손바닥 모양으로 퍼져 있고(손모양 맥),
대나무는 나란히 뻗어 있고(나란히맥), 은행나무는 와이(Y) 자 모양으로 갈라져
있습니다(차상맥).

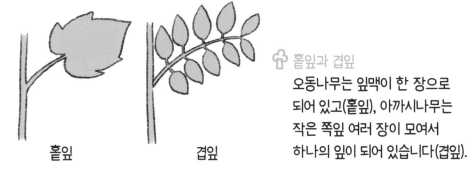

홑잎   겹잎

🌱 홑잎과 겹잎
오동나무는 잎맥이 한 장으로
되어 있고(홑잎), 아까시나무는
작은 쪽잎 여러 장이 모여서
하나의 잎이 되어 있습니다(겹잎).

잎의 변신

절벽 꼭대기에서 사는 식물은 작고 튼튼한 잎을 내야 해요. 햇볕은 잘 받지만 바람이 세기 때문이지요. 반면, 숲속 덤불에 사는 식물은 큰 잎을 내서 키 큰 나무들 사이로 햇볕을 더 받으려고 합니다. 이렇게 식물들은 환경에 맞는 잎을 만들어 다양한 모습을 띠고 있어요.

완두콩은 작은 잎을 덩굴손으로 만들어 다른 식물에 기대어 자라고, 사막의 선인장은 잎을 가시로 변형해 몸을 보호합니다. 채송화와 쇠비름은 두툼한 잎에 수분을 저장하고, 양파는 두꺼운 비늘 모양 잎에 양분을 저장합니다. 또 남아프리카의 건조한 지역에 사는 딘터란투스는 꼭 돌멩이 같은 모양을 하고 있는데, 이 역시 잎 속에 수분을 잔뜩 머금어서 모양이 변한 것이랍니다.

07 식물은 어디로 숨을 쉴까?

　작은 바람에도 휙 날아가 버리는 작은 나뭇잎, 빗물 한 방울에도 찰랑찰랑 흔들리는 풀잎. 하지만 알고 보면 식물의 잎은 공장과도 같답니다. 광합성을 해서 영양분을 만들고, 새록새록 신선한 산소를 쉴 새 없이 만들어내니까요. 도대체 그 납작하고 초록색투성이인 잎사귀 어디에서 영양분이 만들어지고 산소가 나오는 걸까요?

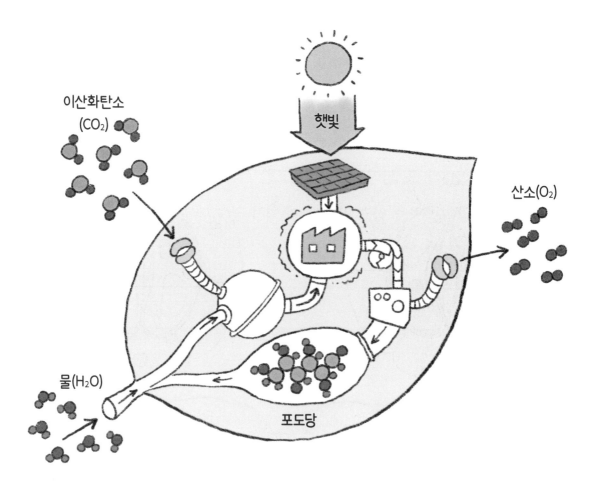

증산 작용의 비밀

대부분의 식물은 잎의 앞면이 짙고, 뒷면은 조금 옅은 색을 띠고 있어요. 식물의 겉껍질에는 '기공'이라는 숨구멍이 송송 뚫려 있습니다. 물론 너무나 작아서 우리 눈에 잘 보이지 않지요. 이 기공으로 식물은 이산화탄소를 들이마시고, 수증기나 산소를 내보냅니다.

기공은 잎의 뒷면에 많은데, 꼭 사람의 입처럼 생겼습니다. 숨을 쉴 때 열리고, 숨 쉴 필요가 없을 때는 꼭 닫히지요. 기공에서 이루어지는 증산 작용으로 식물은 숨을 쉴 수 있는 것입니다.

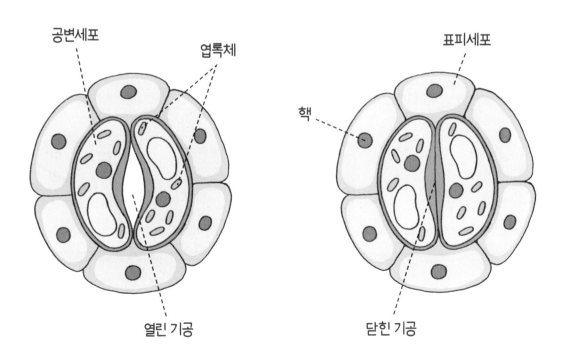

공변세포   엽록체   표피세포

핵

열린 기공   닫힌 기공

엽록체와 엽록소

우리 눈에는 안 보이지만, 얇은 잎 속에는 수많은 작은 엽록체가 있습니다. 잎을 이루는 세포마다 엽록체가 들어 있고, 그 안에 엽록소가 있어요. 이 엽록소 덕분에 잎이 초록색으로 보입니다.

엽록체 안을 들여다보면, '틸라코이드'라는 납작한 주머니들이 층층이 쌓여 있고, 그 주머니의 얇은 막 안에 엽록소가 들어 있어요. 또 엽록체 속에는 '스트로마'라는 액체가 가득 차 있답니다.

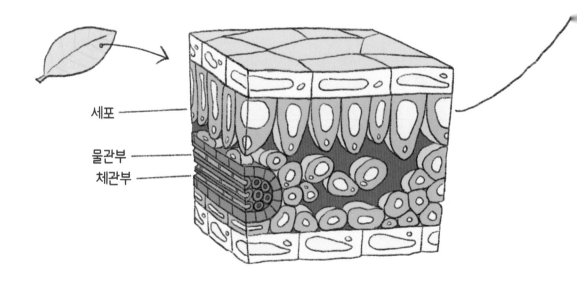

세포

물관부

체관부

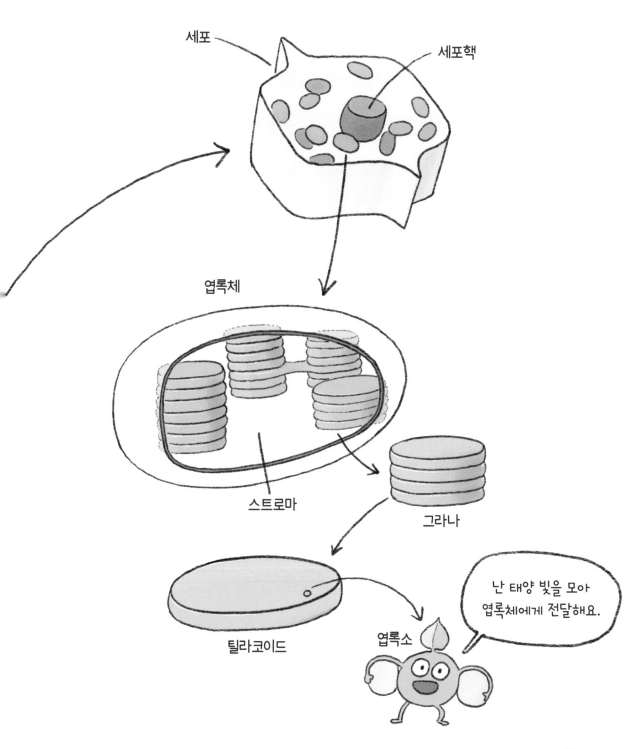

세포

세포핵

엽록체

스트로마

그라나

틸라코이드

엽록소

난 태양 빛을 모아 엽록체에게 전달해요.

45

광합성의 비밀

광합성은 엽록체에서 이루어져요. 한낮에 해가 쨍쨍 비치면 엽록소가 햇빛을 듬뿍 받아들입니다. 그러면 엽록체 안에서, 흡수한 빛 에너지를 이용해 뿌리에서 올라온 물과 기공을 통해서 들어온 이산화탄소를 분해하여 포도당을 만듭니다.

이렇게 식물이 자라는 데 필요한 양분(포도당)을 얻으면 약간의 찌꺼기가 남는데, 그건 바로 물(수증기)과 산소입니다. 이 찌꺼기들은 다시 잎에 있는 기공을 통해 바깥으로 나가게 되지요. 이처럼 식물이 빛을 합성하여 양분과 산소를 만들어내는 것을 광합성이라고 합니다.

열심히 만든 양분을 잘 보관하지 못하면 아무 소용 없겠지요? 필요할 때 꺼내어 써야 하니까요. 불행히도 포도당은 물에 잘 녹는 성질이 있어서 그대로 저장하면 금세 없어지고 맙니다. 그래서 식물은 포도당을 녹말로 바꾸어 줄기나 뿌리에 저장해요. 녹말은 물에 잘 녹지 않아서 오래 저장할 수 있거든요.

포도당

녹말

08 알록달록 예쁜 꽃

알록달록 피어난 꽃들을 보면 마음속까지 화사해지는 듯해 기분이 좋아 집니다. 흔히 꽃다발로 주고받는 장미나 백합뿐 아니라 감자 꽃, 가지 꽃, 심지어 호박꽃도 정말 예쁘고 화려하지요. 꽃들은 저마다 아주 뚜렷한 개성을 지니고 있습니다.

꽃의 구조

세상에는 많은 꽃이 있지만, 꽃 대부분은 바깥에 꽃받침, 안쪽에 꽃잎이 있습니다. 꽃잎 안쪽에는 수술이 나란히 서 있고, 그 가운데 암술이 있어요.

꽃받침은 보통 초록색인데, 엽록소가 들어 있기 때문입니다. 꽃받침은 꽃잎을 보호하고, 쉽게 떨어지지 않도록 받쳐 줍니다. 하지만 어떤 꽃은 꽃이 피기 전이나 시든 뒤에 꽃받침이 떨어져 없어지기도 해요.

꽃잎은 암술과 수술을 감싸고 있으며, 다양한 색을 띠어 꽃의 가장 화려한 부분입니다. 하지만 나리꽃이나 튤립처럼 꽃받침과 꽃잎이 비슷한 색을 가진 꽃도 있고, 붓꽃처럼 꽃받침과 꽃잎이 구별되지 않는 꽃도 있습니다.

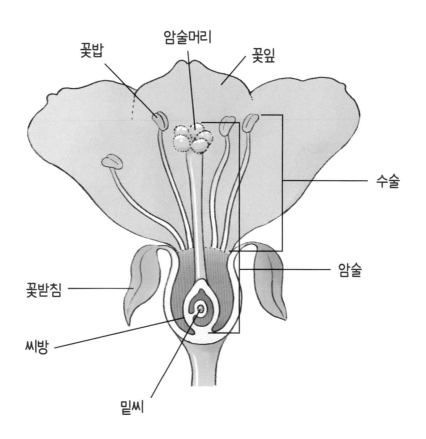

꽃이 하는 일

꽃 속의 수술과 암술은 식물에서 가장 중요한 부분입니다. 자손을 퍼뜨리는 생식 기관이기 때문이지요. 식물이 물과 양분을 빨아들이고, 광합성을 하며, 아름다운 꽃을 피우는 것도 모두 생식을 위한 일입니다.

동물과 식물 모두 자신과 같은 새 생명을 만드는 과정을 '생식'이라고 합니다. 동물은 암컷과 수컷이 짝짓기해서 난자와 정자가 만나 수정란을 만듭니다. 이 수정란이 자라서 새끼나 알이 되는 거죠.

식물도 비슷하게, 수술의 꽃가루가 암술에 닿으면 생식이 시작됩니다. 꽃가루와 암술 속의 밑씨가 만나 씨앗이 되고, 이 씨앗에서 새싹이 자라 납니다.

꽃가루받이

수술에서 나온 꽃가루가 암술머리에 닿는 것을 '꽃가루받이'라고 합니다.

수술은 긴 수술대 끝에 꽃가루주머니가 달려 있는데, 여기서 꽃가루가 만들어집니다. 암술은 암술대, 암술머리, 씨방, 밑씨로 이루어져 있어요.

꽃이 피면 꽃가루주머니에서 꽃가루가 나와 바람이나 곤충에 의해 암술머리로 옮겨집니다. 꽃가루받이가 이루어지면, 꽃가루는 꽃가루관을 씨방까지 뻗어 밑씨에 닿습니다. 이렇게 수정이 이루어집니다.

수정된 밑씨는 씨앗으로 자라고, 씨방은 열매가 됩니다.

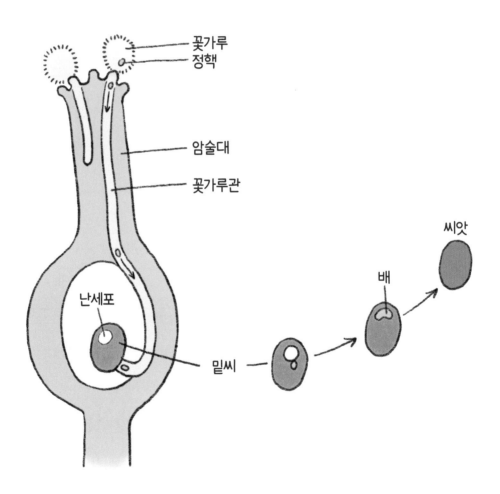

꽃가루받이 작전

식물은 마음대로 돌아다닐 수가 없으니, 다른 그루의 꽃가루를 직접 만날 수 없습니다. 그러므로 식물은 꽃을 화려한 색깔로 치장하거나, 꽃 속에 달콤한 꿀을 만들어 놓습니다.

무궁화를 볼까요? 종류에 따라 다르긴 하지만 무궁화는 예쁘고 향기로운 연분홍색 꽃을 활짝 피우는데, 꽃 안쪽은 한층 더 짙은 보라색으로 되어 있고 짙은 향기를 냅니다. 이것이 꿀벌에게 '여기에 꿀이 있다!' 알리는 것과 같은 효과를 내지요.

꿀벌은 달콤한 유혹을 이기지 못하고 윙윙 날아와 몸을 비비적거리며 꽃 속의 꿀을 빨아 먹습니다. 무궁화는 바로 이때를 놓치지 않고 꿀벌의 몸에다 자기 꽃가루를 듬뿍 묻힙니다. 신나게 꿀을 빨아 먹은 벌은 또다시 다른 무궁화로 날아가 꿀을 빨아 먹습니다. 그사이 자연스럽게 꽃가루가 다른 꽃의 암술머리에 달라붙게 되지요.

종종 꽃잎에는 줄무늬가 있기도 한데, 이것은 꿀벌에게 길을 안내하는 구실을 합니다. 이런 표시를 '꿀샘 안내'라고 하지요. 또 자운영은 꿀벌이 꽃에 앉으면 안쪽에 있는 꿀을 빨아 먹기 좋게 자기 꽃잎을 살짝 벌려 주기도 합니다. 그런가 하면 난초 중에 어떤 것은 곤충의 암컷과 비슷하게 생긴 꽃을 피웁니다. 수컷 곤충은 이걸 보고 짝짓기를 하려고 달려들었다가 엉뚱하게도 꽃만 짝짓기해 주고 날아가 버리지요.

식물들은 꿀벌뿐 아니라 나비, 파리 같은 곤충을 이용해 꽃가루받이하고, 그보다 큰 새를 이용하기도 합니다.

🌷 곤충을 이용해 꽃가루받이하는
꽃(충매화)
개나리꽃, 무궁화, 복숭아꽃,
나리꽃, 목련, 달맞이꽃,
나팔꽃

🌷 바람을 이용해 꽃가루받이하는
꽃(풍매화)
소나무, 은행나무, 오리나무,
자작나무

🌷 새를 이용해 꽃가루받이하는
꽃(조매화)
동백꽃, 바나나, 파인애플,
선인장, 유칼립투스

🌷 물을 이용해 꽃가루받이하는
꽃(수매화)
붕어마름, 검정말, 민나자스말

여러 가지 꽃

꽃잎이 하나로 붙은 것을 '통꽃', 낱낱이 서로 갈라져 있는 것을 '갈래 꽃'이라고 합니다. 진달래의 꽃잎은 전체가 붙어 있어서, 꽃이 떨어질 때 는 다섯 장이 함께 떨어집니다(통꽃). 하지만 벚꽃의 꽃잎은 하나하나가 떨어져 있어 바람이 불거나 비가 오면 눈송이처럼 따로따로 떨어집니다 (갈래꽃).

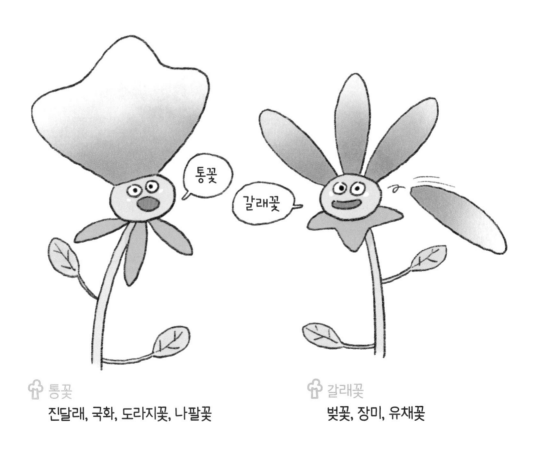

통꽃
진달래, 국화, 도라지꽃, 나팔꽃

갈래꽃
벚꽃, 장미, 유채꽃

그 밖에도 꽃의 종류를 나눌 때는 다음과 같은 몇 가지 기준이 있습니다.

꽃은 보통 꽃받침·꽃잎·수술·암술로 이루어져 있는데, 이를 완전히 갖춘 꽃을 '갖춘꽃', 그렇지 못한 꽃을 '안갖춘꽃'이라고 합니다. 벚나무·배나무·완두 들은 갖춘꽃이지만, 밤나무·아네모네 들은 꽃잎이 없고, 버드나무·은행나무·삼백초 들은 꽃받침과 꽃잎이 없는 '안갖춘꽃'입니다.

밤꽃

은행나무 꽃

꽃잎이 없어!!

🌸 갖춘꽃
벚나무, 배나무, 완두
🌸 안갖춘꽃
밤나무, 아네모네, 버드나무, 은행나무

안갖춘꽃 중에는 암술과 수술 중 하나가 없는 것도 있습니다. 하나의 꽃 속에 암술과 수술이 모두 있는 꽃을 '양성화', 암술과 수술 중 한 가지만 있는 꽃을 '단성화'라고 합니다. 수술만 있는 꽃을 '수꽃', 암술만 있는 꽃을 '암꽃'이라고 하지요.

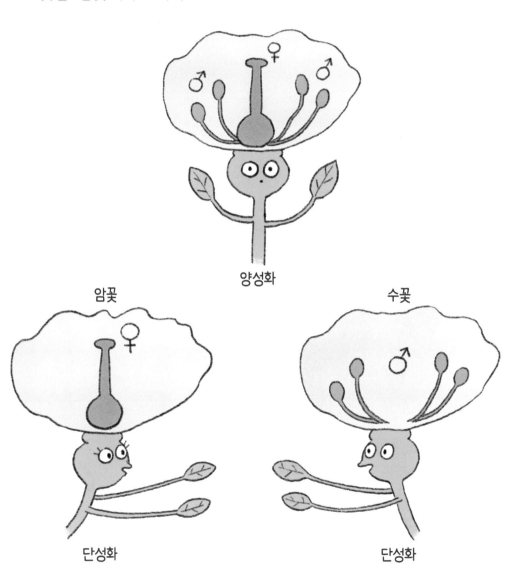

양성화

암꽃

수꽃

단성화

단성화

암꽃과 수꽃이 한 그루에 피는 것을 '암수한그루'라고 합니다. 밤나무나 오이, 호박 들은 한 몸에 암꽃과 수꽃이 따로따로 피어납니다. 그와 달리 암꽃과 수꽃이 각각 다른 그루에 있어서 암수가 구별되는 것을 '암수딴그루'라고 합니다. 은행나무는 암수딴그루이기 때문에, 가까운 곳에 암나무와 수나무가 사이좋게 있어야 은행 열매를 맺을 수 있답니다.

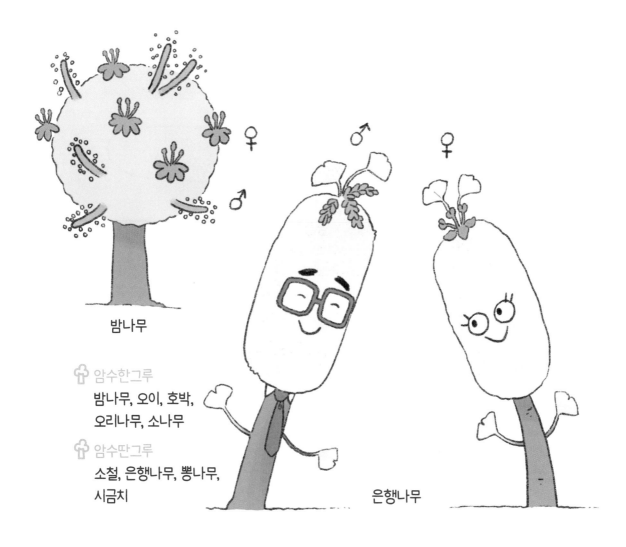

밤나무

🌱 암수한그루
밤나무, 오이, 호박,
오리나무, 소나무

🌱 암수딴그루
소철, 은행나무, 뽕나무,
시금치

은행나무

59

09 새콤달콤 맛있는 열매와 씨

　우리는 사과, 배, 복숭아, 자두 같은 새콤달콤 맛있는 과일들을 즐겨 먹습니다. 토마토, 호박, 가지 같은 채소들까지요.

　식물은 부지런히 잎을 내고 꽃을 피우느라 애를 쓰지만, 온갖 양분으로 똘똘 뭉친 열매를 만들 때는 더 많은 에너지를 써야 합니다. 도대체 열매 속은 어떻게 되어 있고, 무엇 때문에 그토록 열심히 열매를 만들어내는 걸까요?

열매 하나하나가 정말 소중하죠!

열매의 구조

일반적으로 열매는 씨와 그 씨를 둘러싼 열매껍질로 이루어져 있습니다. 사과를 예로 들면, 깎아내는 부분이 외과피(겉껍질), 우리가 먹는 부분이 중과피(가운데 껍질), 씨를 둘러싼 딱딱한 부분이 내과피(속껍질)입니다.

하지만 모든 열매가 이렇게 생긴 건 아닙니다. 귤의 경우, 껍질이 외과피, 그 안쪽의 솜 같은 부분이 중과피, 먹는 부분을 감싼 얇은 막이 내과피입니다.

이처럼 열매는 꽃의 일부분이 변한 것입니다. 복숭아의 먹는 부분은 씨방이, 씨앗은 밑씨가 변한 것입니다.

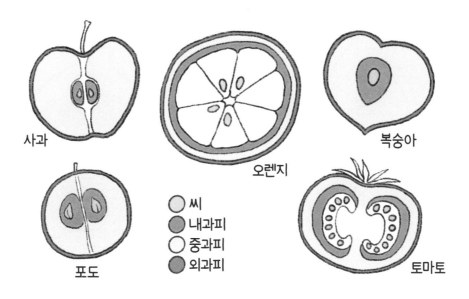

사과

오렌지

복숭아

포도

○ 씨
● 내과피
○ 중과피
● 외과피

토마토

헛열매과 참열매

포도나 복숭아, 감처럼 씨방이 자라서 된 열매를 '참열매'라고 해요. 사과, 배, 석류, 딸기 등은 꽃받침이 자라서 된 열매예요. 꽃받침이나 꽃자루 등이 자라서 열매가 된 것은 '헛열매'라고 합니다.

재미있는 열매

신기하게도 무화과나무 열매를 쪼개어 보면, 속에서 꽃이 활짝 핀 듯한 모습입니다. 실제로 여기에는 수많은 수꽃과 암꽃이 달려 있습니다. 그러니까 우리가 먹는 부분은 열매이면서도 꽃이지요.

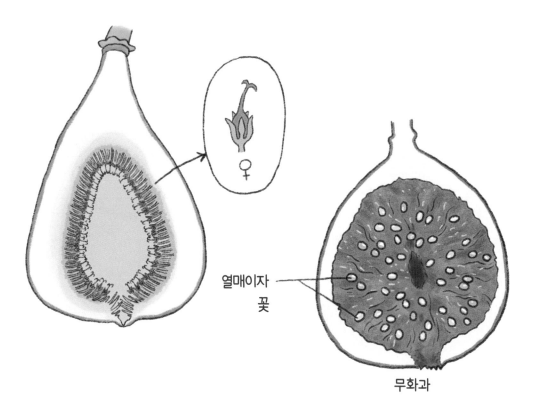

열매이자
꽃

무화과

따끔따끔 밤송이는 꽃의 밑동을 싸고 있던 비늘 모양의 조각이 변한 것이고, 속에 있는 밤 열매의 단단한 껍질은 씨방이 변한 것입니다. 그러니까 우리가 오독오독 먹는 부분은 바로 밤의 씨앗인 셈이지요.

씨의 구조

씨앗은 보통 딱딱한 껍질로 둘러싸여 있습니다. 예를 들어, 원숭이콩은 껍질이 너무 단단해서 옛날 인디언들이 원숭이를 잡는 데 썼다고 해요.

감의 씨를 잘라보면, 단단한 껍질 안에 '배'라는 작은 부분이 들어 있어요. 배는 떡잎, 씨눈줄기, 어린눈, 어린뿌리로 이루어져 있으며, 이곳에서 싹이 나옵니다.

배를 둘러싼 '배젖'에는 녹말 같은 양분이 저장되어 있어 어린 싹이 자랄 때 필요한 에너지를 제공합니다. 싹이 자랄 때까지 비상식량 역할을 하는 것이지요.

하지만 콩, 참외, 밤 등은 배젖 대신 떡잎에 양분을 저장해 떡잎이 크고 두껍습니다.

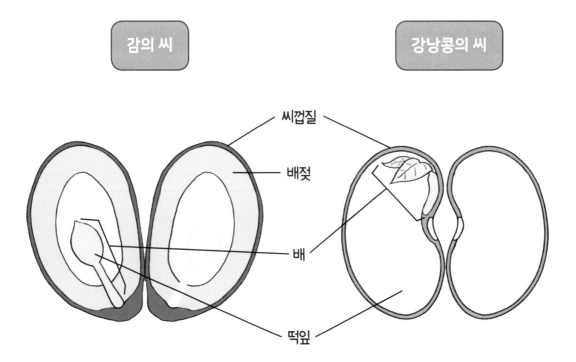

감의 씨 　　　　　 강낭콩의 씨

씨껍질

배젖

배

떡잎

여러 가지 씨

큰 식물이라고 해서 큰 씨를 맺고, 작은 식물이라고 해서 작은 씨를 맺는 것은 아닙니다.

난초의 씨는 1밀리미터도 안 되는 작은 것이 한 그루에 몇십만 개가 달립니다. 그에 비해 야자나무의 씨는 어린이 손바닥만큼이나 큰 데다 열매 속에 딱 1개가 들어 있을 뿐입니다. 세이셸 야자는 세상에서 제일 큰 씨를 만드는데, 길이가 45센티미터에 무게는 30킬로그램 정도나 된답니다.

씨는 열매처럼 여러 양분을 지니고 있습니다. 벼와 보리 등 곡물의 씨에는 녹말이 많이 들어 있고, 콩·팥·완두의 씨에는 단백질과 지방이 많이 있습니다. 또 유채나 참깨·들깨 등의 씨에는 지방이 많이 있지요. 지방이 많은 씨는 기름을 짜는 데 쓰이기도 합니다.

⑩ 씨앗 퍼뜨리기 작전

식물은 어떻게든 씨앗을 널리 널리 퍼뜨려야 합니다.

온 힘을 기울여 정성껏 만든 자손을 훌훌 떠나보내는 게 식물들의 안타까운 운명입니다. 어미 식물 바로 옆에 씨앗이 떨어지면 그늘에 가려져 햇빛을 받기 어렵고, 땅속의 물과 양분도 나눠 먹어야 하거든요. 그래서 바람이나 물을 이용해 씨앗을 멀리 보내거나, 사방팔방 돌아다니는 동물들을 이용합니다.

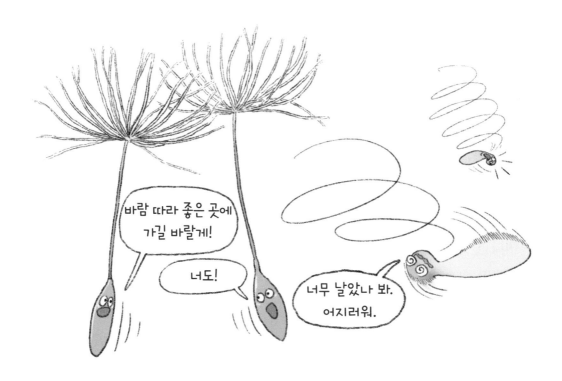

바람 타고 날아가기

민들레는 노란 꽃을 활짝 피웠다가 곧 북슬북슬 하얀 털 뭉치 모양으로 바뀝니다. 가까이 다가가 훅 불면 이리저리 흩어져 훨훨 날아가지요. 이 하얀 털 뭉치들은 하나하나가 낙하산처럼 되어 있고, 그 아래에는 작고 까만 열매가 하나씩 붙어 있는데, 바로 이 열매 속에 씨앗을 태우고 있는 것입니다.

커다란 플라타너스의 탁구공 같은 열매에도 털 달린 씨앗이 있어서 바람을 타고 멀리 날아가지요. 엉겅퀴나 갈대 같은 식물의 씨에도 이런 털이 있어서 바람을 따라 멀리멀리 여행한답니다.

폭탄처럼 터뜨리기

팥의 열매는 콩처럼 꼬투리로 되어 있고, 그 속에 동글동글 작은 씨를 나란히 담고 있습니다. 씨가 무르익으면 꼬투리도 바짝 말라서 탁 열리는데, 이때 팥알들이 사방으로 튕겨 나가 멀리 퍼집니다. 팥의 꼬투리는 어찌나 세게 터지는지, 팥알들이 날아간 뒤에 살펴보면 꼬투리가 돌돌 말려져 있답니다.

봉선화 역시 씨가 익으면 꼬투리를 터뜨려서 씨앗을 멀리 보냅니다.

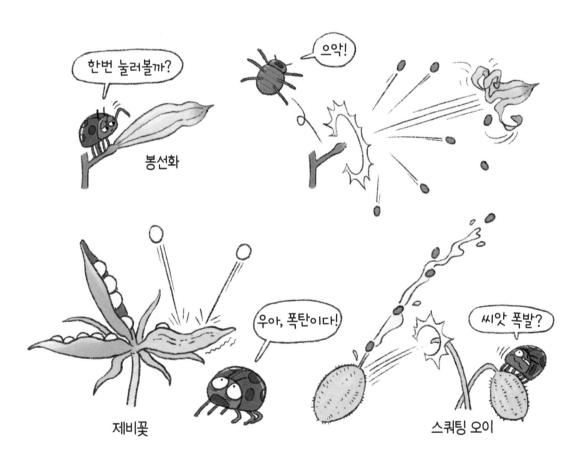

봉선화

제비꽃

스쿼팅 오이

동물에게 잡아먹히기

식물이 맛 좋은 열매를 만드는 까닭은 동물에게 먹히기 위해서입니다. 동물이 열매를 먹으면 열매 속 씨는 소화되지 않고 똥과 함께 나와서 싹을 내미는 것이지요. 길가나 들판에 저절로 생겨난 참외를 개똥참외라고 부르는데, 버려지거나 누군가의 똥에서 나와서도 묵묵히 싹을 틔운 것이죠. 이런 식물들은 대개 작고 많은 씨앗을 만듭니다. 참외, 수박을 비롯하여 포도, 앵두, 토마토 등이 이런 방법을 씁니다.

동물 몸에 달라붙기

낙하산 같은 털이나 꼬투리, 열매 따위를 만드는 게 귀찮은 식물들은, 바짝 마른 가벼운 열매에 삐죽한 갈고리만 달랑 매달고 있습니다. 그러다가 털이 북슬북슬한 동물이 지나가면 철썩 달라붙어서 잘 떨어지지 않지요. 주로 도깨비바늘이나 가막사리, 도둑놈의갈고리, 도꼬마리 등이 이런 작전을 씁니다. 이렇게 누군가의 몸에 달라붙는 것도 씨를 널리 퍼뜨리는 좋은 방법입니다.

진득찰은 갈고리가 없는 대신 열매를 둘러싼 털에서 끈적거리는 액체를 내어 동물이 지나갈 때 몸에 척 달라붙어 공짜 여행을 시작하지요.

물 위에 둥둥 떠다니기

연꽃이나 부레옥잠처럼 물에서 사는 식물은 씨를 물 위에 둥둥 띄워서 멀리 보냅니다. 이런 식물의 씨에는 대부분 아래로 가라앉지 않도록 공기주머니가 있기도 하고, 물이 새지 않는 껍질을 지니고 있기도 합니다. 아프리카에서 자라는 해변등나무는 접시처럼 둥글넓적한 씨를 물 위에 떨어뜨립니다. 놀랍게도 이 씨들은 때로 1년이 넘도록 바다를 여행하여, 수백 킬로미터 떨어진 다른 나라의 바닷가에 가서 싹을 틔우고 자라기도 한답니다.

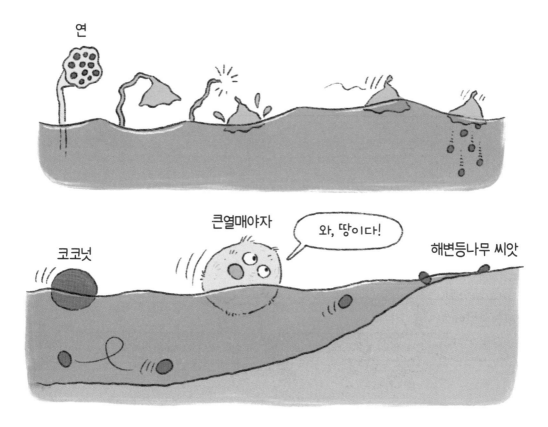

연

코코넛

큰열매야자

와, 땅이다!

해변등나무 씨앗

씨를 만들지 않는 식물

그렇다면 씨를 만들지 않는 식물은 어떻게 자손을 퍼뜨릴까요? 이런 식물들에게도 저마다 멋진 작전이 있는데, 대부분 자기 몸에서 작은 새끼를 만들어서 퍼뜨린답니다.

미나리아재비는 땅 위를 기듯이 뻗는 줄기, 즉 '기는줄기'를 이용해서 번식합니다. 기는줄기가 충분히 자랐다고 생각되면 그 끄트머리에서 새로운 싹이 나오는 것입니다.

붓꽃은 땅속으로 자라는 줄기(땅속줄기)를 뻗어서 미나리아재비와

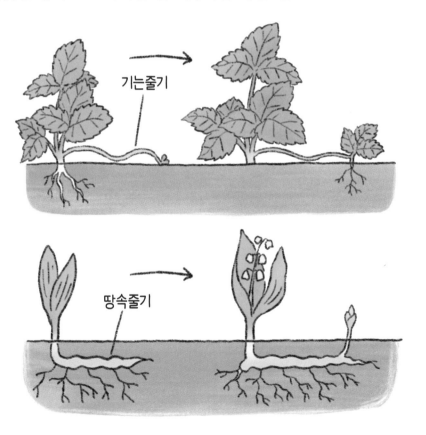

기는줄기

땅속줄기

비슷한 방법으로 번식합니다. 앞에서 말했던 감자의 덩이줄기도 비슷한 경우입니다. 그래서 만약 감자를 캘 때 줄기를 조금이라도 남겨 놓으면, 여기에서 또 다른 감자가 싹을 틔우고 쑥쑥 자라게 되지요.

다육 식물인 금접 칼랑코이는 잎끝에 어린 식물을 올망졸망 내미는데, 이것이 어느 정도 자라면 저절로 땅에 떨어져서 뿌리를 내리고 자랍니다.

11 식물의 한살이

씨가 땅에 떨어졌다고 해서 모두 번듯한 식물로 자라나는 것은 아닙니다. 적당한 물과 양분이 있고, 따사로운 햇볕을 받아야만 싹을 내밀고 뿌리를 뻗어서 쑥쑥 자랄 수 있지요.

산소(O_2)

식물의 일생

어떤 식물이든 처음에는 떡잎을 내밀고, 스스로 햇볕을 받아 광합성을 하며 자랍니다. 성숙해지면 꽃을 피우고 열매를 맺어 씨를 만들어 자손을 퍼뜨리지요. 이것을 '식물의 한살이'라고 합니다.

나무는 여러 해 살지만, 풀은 보통 한두 해 만에 한살이를 마칩니다. 호박이나 벼는 1년만 사는 한해살이 식물, 접시꽃과 달맞이꽃은 두해살이 식물, 쑥과 국화는 해마다 다시 자라는 여러해살이 식물입니다.

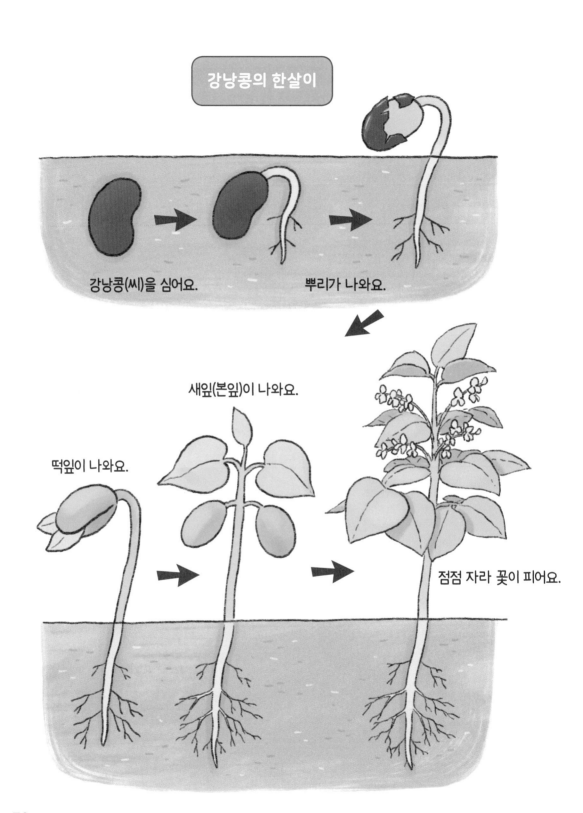

강낭콩의 한살이

강낭콩(씨)을 심어요.

뿌리가 나와요.

떡잎이 나와요.

새잎(본잎)이 나와요.

점점 자라 꽃이 피어요.

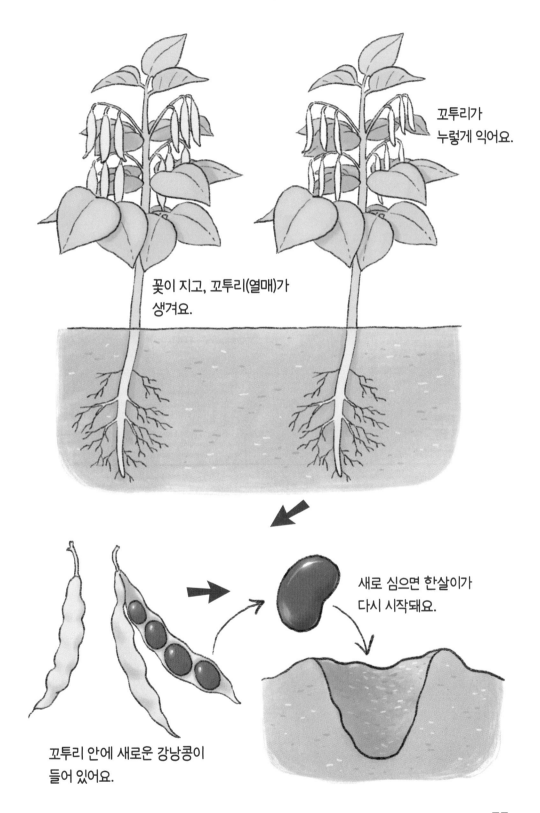

꽃이 지고, 꼬투리(열매)가
생겨요.

꼬투리가
누렇게 익어요.

꼬투리 안에 새로운 강낭콩이
들어 있어요.

새로 심으면 한살이가
다시 시작돼요.

계절마다 다른 꽃

우리에게 1년 내내 아름다운 꽃을 보여 주려는 걸까요? 식물마다 싹 트는 시기가 서로 다르고, 꽃을 피우거나 열매 맺는 시기도 다릅니다. 그 까닭은 저마다 자기가 좋아하는 온도와 낮의 길이가 있기 때문입니다.

시금치나 상추는 밤보다 낮이 길 때 꽃을 피우고, 국화·옥수수·코스모스는 낮보다 밤이 길 때 꽃을 피웁니다. 하지만 완두와 해바라기는 밤낮의 길이에 상관없이 온도의 변화에 따라 꽃을 피우지요.

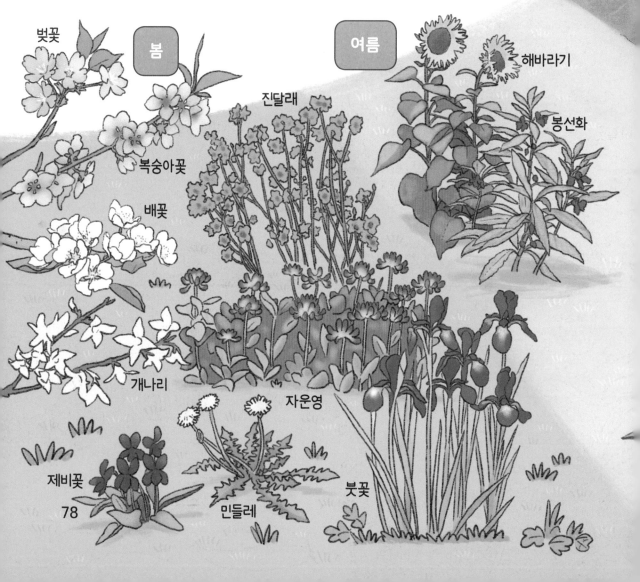

가을

봄

여름

벚꽃

해바라기

진달래

봉선화

복숭아꽃

배꽃

개나리

자운영

제비꽃

붓꽃

민들레

78

동백꽃

매화

겨울

비파나무 꽃

팔손이

달리아

코스모스

꽃무릇

나팔꽃

국화

용담

문주란

카네이션

채송화

연꽃

79

낙엽이 지는 까닭

가을이 깊어져 온도가 점점 내려가면 땅속에 있는 물도 조금씩 차가워집니다. 또 식물의 뿌리도 물을 빨아들이는 힘이 약해져, 나중에는 아예 뿌리의 작용이 멈추게 됩니다. 뿌리가 아무 일도 하지 않는데 잎이 계속 숨을 쉬면서 물을 증발시키면 식물은 바짝바짝 마르다 죽게 되겠지요.

그래서 식물은 자기 잎을 미련 없이 떨구어서, 몸속 수분이 바깥으로 빠져나가는 것을 막습니다. 그러고는 겨울 동안 되도록 아무 일도 하지 않고, 동물들이 겨울잠을 자듯 편안하게 쉽니다.

바닥에 떨어진 나뭇잎은 겨울 동안 뿌리 근처에 쌓여서, 흙의 온도가 너무 심하게 내려가는 것을 막아 주는 역할도 합니다. 또 오랫동안 낙엽이 푹푹 썩으면, 나중에 식물이 활동하는 데 필요한 양분이 되지요.

빨갛게 물드는 나무 : 단풍나무, 담쟁이덩굴, 옻나무, 붉나무, 감나무
노랗게 물드는 나무 : 은행나무, 느릅나무, 포플러, 고로쇠나무

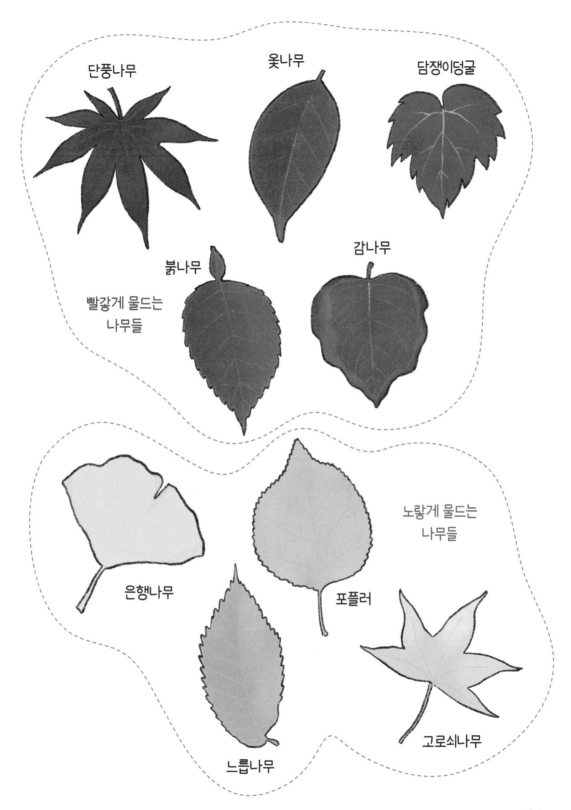

단풍나무

옻나무

담쟁이덩굴

감나무

붉나무

빨갛게 물드는
나무들

노랗게 물드는
나무들

은행나무

포플러

느릅나무

고로쇠나무

겨울눈

헐벗은 겨울나무는 꼭 죽은 것처럼 보입니다. 하지만 자세히 보면 모두 '겨울눈'을 달고서 다음 봄이 찾아오기를 기다리고 있습니다. 나무들은 아주 부지런해서, 이런 겨울눈을 한여름부터 준비한답니다.

겨울눈에는 장차 잎이 되는 것(잎눈)과 꽃이 되는 것(꽃눈)이 있습니다. 겨울눈은 봄에 새싹을 내미는 중요한 부분이기 때문에, 나무들은 추위에 얼지 않도록 털모자를 씌우거나 겹겹이 옷을 입혀서 잘 감싸고 있답니다.

얼지 않도록 털모자를 쓰고
모두 봄을 기다립시다!

식물의 죽음

식물도 언젠가는 죽게 마련입니다. 땔감으로, 또는 집이나 가구를 만드는 데 쓰이기 위해 잘려나가기도 하고, 병들거나 너무 늙어서 더는 양분을 만들어내지 못해 죽는 일도 있습니다.

나무가 죽으면 그 자리에서 푹푹 썩어갑니다. 썩은 나무의 몸은 작은 곤충들의 먹이가 되고, 버섯이나 이끼, 고사리가 자라기 좋은 집이 됩니다. 또 죽은 나무 속에 들어 있던 양분은 땅속에 흡수되어, 주변의 다른 식물들이 자라는 데 도움이 되지요.

12 특이한 식물들

식물의 세계는 동물의 세계보다 훨씬 더 기상천외합니다. 3만 2천 년 만에 꽃이 피는가 하면, 30킬로그램 가까운 씨를 만들기도 하니까요. 손톱만 한 씨앗이 아름드리나무가 된다는 것 하나만으로도 깜짝 놀랄 만합니다.

더욱이 식물 중에는 동물을 잡아먹으며 사는 것도 있고, 팔을 움직이는 것도 있고, 서로 이야기를 주고받는 것도 있답니다.

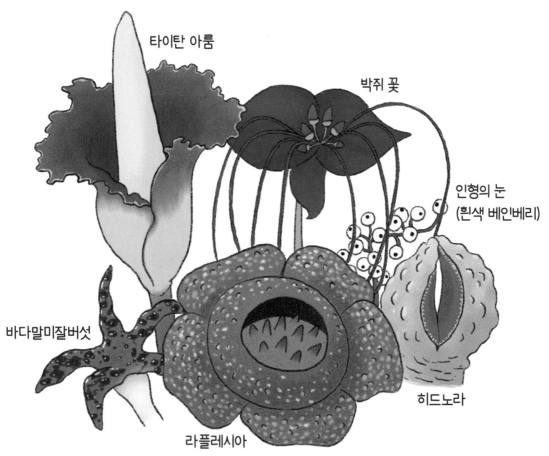

타이탄 아룸

박쥐 꽃

인형의 눈
(흰색 베인베리)

바다말미잘버섯

히드노라

라플레시아

벌레잡이 식물

끈끈이주걱은 이름 그대로 주걱처럼 생긴 잎에 보들보들한 털이 나 있고, 여기에 끈끈한 액체가 묻어 있습니다. 이 액체가 작은 곤충들이 보기엔 달콤한 꿀물처럼 보이지요. 곤충이 침을 꼴깍꼴깍 삼키며 날아와 앉으면, 끈끈한 털에 달라붙어서 옴짝달싹 못 하게 됩니다. 곤충이 뒤늦게야 속았다는 걸 깨닫고 도망치려고 하면 도리어 머리와 꽁무니까지 달라붙고, 끈끈이주걱은 이내 주걱을 안으로 돌돌 말아 버립니다. 그 다음엔 소화액을 분비해서 맛있게 식사를 즐기지요.

　파리지옥은 잎이 아예 입처럼 생겼습니다. 잎에 있는 꿀샘에서는 달콤한 꿀이 나오고, 잎 안쪽은 곤충이 좋아하는 먹음직스러운 색깔로 꾸며져 있지요. 그래서 파리가 휑하니 날아와서 꿀을 쪽쪽 빨아 먹다가, 잎 한가운데 삐죽 솟은 안테나(감각모)를 건드리면 잡아먹으려고 준비합니다.

　만약 파리가 그대로 날아가 버리면 목숨을 건질 수 있겠지만, 또다시 안테나를 건드리는 순간 파리지옥은 순식간에 입을 닫아 버립니다. 파리가 아무리 몸부림을 쳐도 잎 가장자리에 잔뜩 붙어 있는 가시철조망 때문에 도망가지 못하지요. 그러면 곧 소화액이 나와서 파리의 몸을 녹이고, 4일에서 10일 뒤면 완전히 소화해 버립니다. 이쯤 되면 왜 파리지옥이란 무서운 이름이 붙었는지 알 수 있겠지요?

그 밖의 벌레잡이 식물들

✠ 벌레잡이통풀
주머니처럼 생긴 통 안으로
벌레가 미끄러지게 되어
있습니다.

✠ 벌레잡이제비꽃
끈적거리는 액체로 벌레를
잡은 뒤 숨구멍을 막습니다.

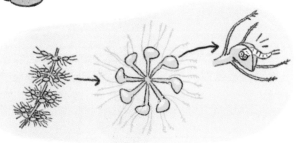

✠ 벌레먹이말
물속에서 사는 곤충을 잡아먹습니다.

✠ 끈끈이귀개
초승달처럼
생긴 잎에
끈끈한 액체가
묻어 있습니다.

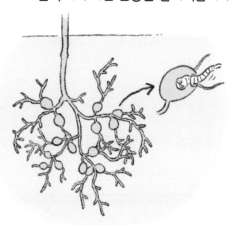

✠ 통발
수천 개의 주머니를 달고서 작은 곤충들이
걸려들기를 기다립니다.

✠ 사라세니아
생김새는 예쁘지만
'악마의 장화'라는
무서운 별명을 갖고
있지요.

기생 식물

동물 중에 벼룩이 다른 동물에 달라붙어 피를 빨아먹듯, 식물 중에도 다른 식물에 붙어 양분을 빨아먹는 '기생 식물'이 있습니다. 겨우살이가 대표적인 예입니다.

겨우살이는 1년 내내 초록 잎을 가지고 광합성을 하지만, 겨울에 숙주 나무가 잎을 떨어뜨리면 비로소 드러납니다. 겨우살이는 뾰족한 뿌리로 숙주의 수분과 양분을 빨아먹고 5년 정도 지나면 열매를 맺습니다.

열매 속 씨는 끈적한 액체로 둘러싸여 있어 새가 먹고 배설해도 다른 나무에 붙어 싹을 틔웁니다.

또한, 말레이시아의 자이언트 라플레시아는 지름 1미터, 무게 7킬로그램의 거대한 꽃을 피우지만, 역시 다른 나무에 기생해 양분을 얻습니다.

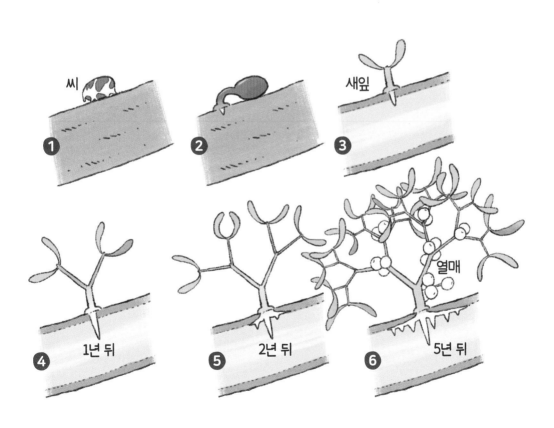

식물들의 또 다른 재주

미모사는 손가락으로 툭 건드리면 마치 인사하듯이 가지를 아래로 축 늘어뜨립니다. 그러고는 잎을 오므라뜨려서 꼭 시들어 버린 시늉을 합니다. 배롱나무는 나무껍질을 손으로 긁으면 간지럼을 타는 것처럼 잎이 움직인다고 해서 '간지럼나무'라는 별명을 얻었습니다.

열대 지방의 물가에서 뿌리를 담그고 사는 맹그로브는 금접 칼랑코이처럼 새끼를 낳습니다. 나뭇가지 가장자리에서 싹을 내민 다음, 그 싹이 사람 팔뚝만큼 자라면 아래로 뚝 떨어뜨리지요. 그러면 어린 나무는 그곳에서 뿌리를 내리고 어미 나무와 함께 자랍니다.

아프리카에 사는 우산 모양의 나무 아카시아는 속이 텅 빈 가시를 개미에게 집으로 내어 주고, 달콤한 꿀도 줍니다. 그 대신 개미는 아카시아를 공격하는 다른 동물들로부터 지켜 준다지요. 또 어떤 아카시아 종류는 코끼리나 기린이 와서 잎을 뜯어 먹으면, 옆에 있던 다른 아카시아들에게 '위험하다!'하고 알려 줍니다. 그러면 다른 아카시아들은 재빨리 독을 만들어서 더는 뜯어 먹지 못하도록 한답니다.

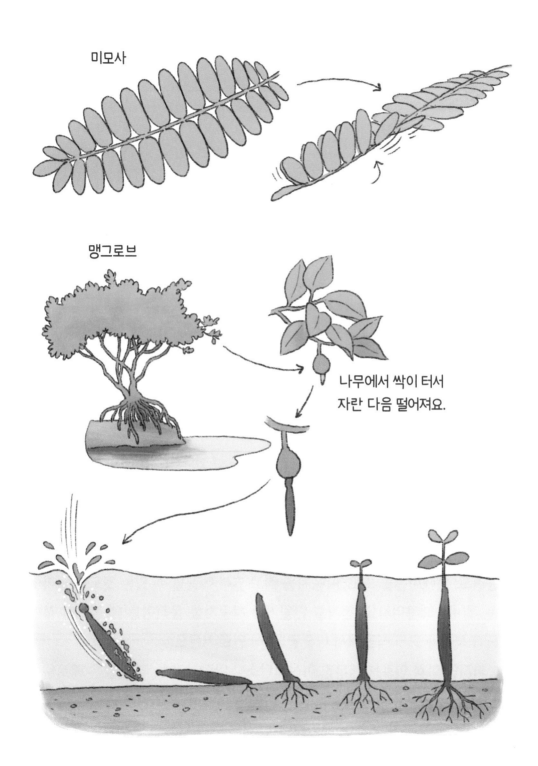

미모사

맹그로브

나무에서 싹이 터서
자란 다음 떨어져요.

13 식물의 위기

우리가 편리하게 살 수 있는 건 식물이 준 선물 덕분입니다. 컴퓨터를 이용하고, 텔레비전을 보고, 자동차를 타고 멀리 여행할 수 있는 것도 식물이 준 에너지 때문이지요. 전기를 만들거나 자동차를 움직이는 데 필요한 석탄과 석유는 모두 식물에서 비롯된 '화석 연료'거든요.

하지만 화석 연료를 태우면 이산화탄소나 아황산가스, 메탄 같은 해로운 물질이 나옵니다. 이런 물질은 공기 속에 흩어져 없어지는 게 아니라 하늘 저 높은 곳에 층을 이루어 쌓입니다. 그러면 마치 이불처럼 뒤덮어서 지구를 점점 뜨겁게 합니다. 지구로 들어온 햇빛 중 일부는 다시 지구 밖으로 나가야 하는데, 이것을 막는 꼴이 되니까요.

지구 온난화가 계속되면 한여름에 눈이 내리고 한겨울에 꽃이 피는 등 이상 기후가 나타나고, 온갖 나쁜 바이러스가 생겨나 땅 위의 동식물이 병에 시달리게 됩니다.

사라지는 숲

지구 온난화를 막으려면 식물을 많이 심고 잘 가꾸어야 해요. 식물은 이산화탄소를 빨아들이고 신선한 산소를 만들어내니까요. 실제로 커다란 나무 한 그루는 1년 동안 세 사람이 숨 쉬는 데 필요한 산소를 만들어내고, 그보다 훨씬 더 많은 이산화탄소를 흡수하지요.

하지만 사람들은 집을 짓거나 종이와 가구를 만들기 위해 쉴 새 없이 나무를 베어냅니다. 지구의 허파라는 별명을 가진 아마존 숲은 소를 키울 목장을 만들기 위해 활활 불태워지고 있습니다. 이런 식으로 해마다 사라지는 숲이 그리스 땅만큼이나 된다고 해요.

사막으로 변하는 땅

오염된 공기에서 내리는 산성비는 식물의 잎이 숨을 쉬지 못하게 하고, 땅으로 스며들어 뿌리를 병들게 합니다. 산성비는 흙의 성질을 변하게 하고, 나무가 죽은 자리에 뜨거운 햇볕이 오랫동안 내리쬐면 결국은 풀 한 포기 자라지 않는 사막이 되고 말지요.

일단 사막이 생겨나면 그 주변도 점점 사막으로 변하게 됩니다. 전 세계적으로 볼 때 해마다 서울의 6배쯤 되는 면적이 사막으로 변하고 있답니다.

오염되는 땅, 오염되는 지구

사람들은 더 많은 식량을 얻기 위해 제초제로 잡초를 죽이고, 살충제로 해충을 죽입니다. 하지만 이런 화학 약품에는 땅을 병들게 하는 성분이 있습니다. 병든 땅에서는 농산물이 잘 자라기 힘드니까 사람들은 화학 비료를 뿌리고, 또다시 제초제와 살충제를 뿌립니다. 식물의 처지에서 보면 끊임없이 병 주고 약 주는 셈이지요.

이런 농약뿐 아니라 가축들의 똥오줌, 공장이나 각 가정에서 나오는 폐수는 땅을 오염시키고, 강과 바다로 흘러가서 지구 전체를 오염시킵니다. 이 때문에 동물도, 식물도, 결국은 우리도 피해를 보게 되지요.

식물을 살리는 길

나무를 가꾸고 숲을 지키는 것은 지구를 살리고 우리도 더욱 건강하게 하는 일입니다. 전기를 절약하고, 되도록 대중교통을 이용하고, 평소에 쓰는 물건을 아끼고 재활용하는 것 역시 식물을 살리는 일입니다.

인간보다 훨씬 오래전부터 지구의 주인이었던 식물. 연필로 콕 찍은 점만큼이나 작은 겨자씨도 어쩌면 우리보다 더 놀라운 생명력을 지녔는지도 모릅니다. 아무 힘도 없어 보이지만, 작고 여린 식물은 두껍고 단단한 콘크리트를 뚫고 자라기도 하니까요. 잡초들은 한번 뿌리 내리면 금세 밭과 뜰을 뒤덮고 길섶과 공터까지 자기 땅으로 만들어 버립니다.

작은 씨앗, 여리디여린 풀 한 포기, 남몰래 피어난 한 송이 꽃, 늘 우리가 지나다니는 길에 우두커니 서 있는 나무들. 이제부터라도 찬찬히 들여다보세요. 우리가 작은 관심을 주기 시작할 때, 식물도 기꺼이 친구가 되어 새로운 이야기를 시작할 테니까요. 다 함께 행복한 미래, 신나는 꿈이 담긴 이야기를요.

퀴즈와
단어 풀이

식물 관련 상식 퀴즈

식물 관련 단어 풀이

식물 관련 상식 퀴즈

01 식물은 스스로 영양분과 에너지를 만들어내요. (○, ×)

02 꽃식물은 모두 씨(종자)를 만들기 때문에 _____이라고도 불러요.

03 고사리와 석송, 이끼 등은 홀씨(포자)로 번식하기 때문에 포자식물로 불려요. (○, ×)

04 줄기를 잘라 보면 풀에는 나이테가 있고, 나무에는 나이테가 없어요. (○, ×)

05 식물의 뿌리 제일 안쪽에는 물관과 _____이 있어요.

06 생장점에서는 새로운 세포가 끊임없이 생겨나서 뿌리가 아래쪽으로 자라게 해요. (○, ×)

07 겨우살이처럼 다른 나무에 착 달라붙어 사는 식물은 '버팀뿌리'를 갖고 있어요. (○, ×)

08 식물이 햇빛을 이용해 양분을 만드는 것을 _____이라고 해요.

09 식물의 겉껍질에는 '기공'이라는 숨구멍이 송송 뚫려 있어요. (○, ×)

10 식물은 포도당을 _____로 바꾸어 줄기나 뿌리에 저장해요.

11 꽃받침은 엽록소가 들어 있어 대부분 초록색이에요. (○, ×)

12 수술에서 나온 꽃가루가 암술머리에 닿는 것을 _____라고 해요.

13 식물들은 꿀벌뿐 아니라 나비, 파리 같은 곤충을 이용해 꽃가루받이하고, 그보다 큰 새를 이용하기도 해요. (○, ×)

14 열매는 꽃의 일부분이 변해서 만들어진 거예요. (○, ×)

15 배젖에는 녹말 같은 양분이 저장되어 있어 어린 싹이 자랄 때 필요한 에너지를 제공해요. (○, ×)

16 씨는 열매처럼 양분을 지니고 있지 않아요. (○, ×)

17 겨우살이처럼 다른 식물에 달라붙어서 양분을 빨아 먹고 사는 식물을
.... 이라고 불러요.

18 미모사는 손가락으로 툭 건드리면 마치 인사하듯이 가지를 아래로 축 늘어
뜨려요. (○, ×)

19 지구 온난화를 막으려면 식물을 많이 심고 잘 가꾸어야 해요. (○, ×)

20 지구의 허파라는 별명을 가진 .... 은 소를 키울 목장을 만들기
위해 활활 불태워지고 있어요.

식물 관련 단어 풀이

공변세포 : 식물의 기공을 이루고 있는 2개의 세포. 표피 세포가 변해서 된 것으로 2개가 서로 붙어서 그 사이에 기공을 구성함. 반달 모양 또는 콩팥 모양에 가깝고, 기공을 여닫는 구실을 하여 수분을 조절하고 내부를 보호함.

광합성 : 식물이 빛을 이용해 이산화탄소와 물로 필요한 양분을 스스로 만드는 과정.

그라나 : 서로 연결된 틸라코이드가 차곡차곡 쌓여 있어서 동전을 여러 개 쌓아 놓은 기둥처럼 보이는 구조.

기는줄기 : 고구마 줄기, 수박 줄기, 딸기 줄기처럼 땅 위로 기어서 뻗는 줄기.

나이테 : 나무의 줄기나 가지 따위를 가로로 잘랐을 때 보이는 둥근 테. 1년마다 하나씩 생기므로 그 나무의 나이를 알 수 있음.

다육 식물 : 꿩의비름, 선인장 등 잎이나 줄기 속에 많은 수분을 가지고 있는 식물.

덩굴손 : 가지나 잎이 실처럼 변하여 다른 물체를 감아 줄기를 지탱하는 가는 덩굴.

땅속줄기 : 땅속에 있는 식물의 줄기. 연꽃의 뿌리줄기, 감자의 덩이줄기, 토란의 알줄기, 백합의 비늘줄기 따위로 그 모양에 따라 구별됨.

메탄 : 불에 타기 쉬운 성질의 색이 없는 기체로 천연적으로는 동식물이 썩으면서 생기며, 공업적으로는 일산화탄소와 수소의 반응으로 생김.

무기질 : 우리 몸에 필요한 영양소로, 근육과 피, 뼈 등 몸을 만들고, 몸의 기능을 조절함.

발아 : 씨앗에서 싹이 틈.

부름켜 : 식물의 줄기나 뿌리의 물관과 체관 사이에 있는 층으로, 세포 분열이 왕성하게 일어나 식물의 부피 생장이 일어나는 곳.

비늘줄기 : 짧은 줄기 둘레에, 많은 양분을 저장해서 크고 뚱뚱해진 잎이 빽빽하게 자라서 된 땅속줄기. 공이나 달걀 모양이며, 파·마늘·나리·백합·수선화 등에서 볼 수 있음.

뿌리털 : 식물의 뿌리 끝에 실처럼 길고 부드럽게 나온 가는 털로, 땅속에서 양분과 물을 빨아들임.

생식 기관 : 생물의 생식에 관여하는 기관.

수술 : 식물 생식 기관의 하나로, 꽃가루가 만들어지는 부분.

숙주 : 기생 생물에게 영양을 공급하는 생물.

스트로마 : 엽록체 안에서 틸라코이드 이외의 부분으로, 엽록소가 들어 있지 않아 투명한 액체.

아황산가스 : 황이나 황화합물을 태울 때 생기는 독성이 있는 무색의 기체로, 자극적인 냄새가 나며, 산성비의 원인이 되는 공해 물질.

암술 : 꽃의 가운데에 있는, 꽃가루를 받아 씨와 열매를 맺는 부분.

엽록소 : 엽록체 속에 들어 있는 녹색 색소. 광합성에 필요한 에너지를 태양으로부터 얻는 구실을 함.

엽록체 : 한자로 잎 엽(葉), 푸를 록(綠), 몸 체(體)로 이루어짐. 식물의 잎에 들어 있는 작은 녹색 알갱이.

증산 작용 : 식물체 안의 수분이 수증기가 되어 공기 중으로 나옴. 또는 그런 현상.

지구 온난화 : 지구의 기온이 높아지는 현상.

틸라코이드 : 엽록체 안에 있는 막으로 둘러싸인 구조물.

화석 연료 : 석탄처럼 지질 시대에 생물이 땅속에 묻혀 화석같이 굳어져 오늘날 연료로 이용하는 물질.